IPD

Integrated Project Delivery – der Weg zur High Performance

Ivo Lenherr, Claus Nesensohn, Peter Scherer,
Birgitta Schock, Patrick Suter

Danksagung

Die Realisierung dieses Buches war nur möglich dank der freiwilligen Mitarbeit zahlreicher Fachleute sowie der Unterstützung durch Sponsoren (siehe Seite 192).

Ein besonderer Dank geht an folgende Fachleute, die das Autorenteam bei der Erarbeitung des Buches unterstützt und wertvolle Inputs geliefert haben:

Erstleserinnen und -leser:
- Maurus Frei, maurusfrei Architekten AG, Chur/Zürich (CH)
- Matthias Gehrig, Amberg Loglay AG, Zürich (CH)
- Yvette Körber, Amberg Loglay AG, Zürich (CH)
- Celestin Rohner, hmb partners AG, Zürich (CH)
- Boris Schläppi, Dipl. Architekt FH/SIA und Bauherrenvertreter, Zürich (CH)
- Tossan Souchon, Archipel Generalplanung AG, Bern (CH)

Trägerinnen und Träger:
- Thomas Bär, German Lean Construction Institute (GLCI), Karlsruhe (D)
- Renee Cheng, University of Washington, Seattle (USA)
- Heinz Ehrbar, Heinz Ehrbar Partners GmbH, Herrliberg (CH)
- Ulrich Eix, Lutz I Abel Rechtsanwalts PartG mbB, Stuttgart (D)
- Matthias Gehrig, Amberg Loglay AG, Zürich (CH)
- Emmanuel Gilgen, Digireal AG, Rotkreuz (CH)
- Shervin Hagsheno, Karlsruher Institut für Technologie (KIT), Karlsruhe (D)
- Klaus Hauser, BMW Group, München (D) und German Lean Construction Institute (GLCI), Karlsruhe (D)
- Bruno Jung, Insel Gruppe, Bern (CH)
- Yvette Körber, Amberg Loglay AG, Zürich (CH)
- Mauri Mäkiaho, Finnish Transport Infrastructure Agency, Helsinki (SF)
- Gottfried Mauerhofer, Technische Universität Graz, Graz (A)
- Markus Mettler, Halter AG, Schlieren (CH)
- Pascal Petschen, Archipel Generalplanung AG, Zürich (CH)
- Nina Rodde, Lumico GmbH, Berlin (D)
- Wolf Seidel, Seidel & Partner Rechtsanwälte, Kloten (CH)
- Tossan Souchon, Archipel Generalplanung AG, Bern (CH)
- Alfred Waschl, buildingSMART Austria, Wien (A)
- Christoph Wey, HHM Gruppe, Aarau (CH)
- Kurt Zech, Zech Group SE, Bremen (D)

Inputs zum Thema Changemanagement:
- Selina Häringer, refine Projects AG, Stuttgart (D)
- Alison Kuhn, Triple C Change, Zürich (CH)

Inhalt

Best Practice
Hinweise aus der Praxis erfahrener Fachleute

Auftraggeber
Wichtige Hinweise für Auftraggeber

Vorwort

Erfolgreiche Projekte zeichnen sich vor allem dadurch aus, dass sie für die Auftraggeberinnen und Auftraggeber einen grossen Nutzen in der Bewirtschaftung erbringen. Dieser Nutzen verlangt ein optimiertes Projekt, in dem das Know-how aller wichtigen Fachkräfte und Stakeholder berücksichtigt wird. Es ist daher nicht logisch, darauf zu hoffen, dass das beste Projekt durch die Trennung von Bestellung, Planung, Ausführung und Bewirtschaftung erreicht werden kann. Die Wahrscheinlichkeit ist gross, dass mit einer solchen Fragmentierungsstrategie phasen- und disziplinbezogen optimiert wird. Wichtige Gesichtspunkte können dabei zu kurz kommen, werden nicht umfassend oder zu spät berücksichtigt.

Meiner Erfahrung nach ist es eine erfolgversprechendere Strategie, die relevanten Stakeholder möglichst früh und gemeinsam am Projekt arbeiten zu lassen. Die Formulierung von konkreten und gesamtheitlichen Zielsetzungen erfolgt beim Start gemeinsam. Das Projektteam steht damit auch in der Pflicht, den versprochenen Nutzen während der Planung und in der Ausführung einzulösen. Die Rolle der Auftraggebenden ist hier natürlich zentral. Sie müssen sich als Teil des Projektteams verstehen. Ihr Ziel muss es sein, das zu bauen, was sie unter den gegebenen Rahmenbedingungen wirklich brauchen.

Auf dieser Basis ist ein integriertes Projektteam besser in der Lage, gemeinsam eine Höchstleistung zu erbringen und damit auch hochgesteckte Ziele zu erreichen. Ein offener und transparenter Umgang mit Informationen (BIM) sowie ein gemeinsames Verständnis für das Projekt-Produktions-Management in der Planung und Ausführung sind dabei essenziell. So kann das Projektteam das richtige Bauwerk effizient und in partnerschaftlicher Zusammenarbeit erstellen.

Martin Fischer

Director, Center for Integrated Facility Engineering (CIFE), Stanford University

Warum haben wir Autorinnen und Autoren dieses Buch geschrieben?

Die heute übliche fragmentierte Arbeit an Bauprojekten in Verbindung mit einem hohen Druck auf Honorare und Baukosten macht uns schon länger keinen Spass mehr.

Ein Blick zurück in die Baugeschichte zeigt, dass es mit den Dombauhütten bereits vor Jahrhunderten eine enge Zusammenarbeit von Auftraggebenden, Planenden und Ausführenden gab, die für uns ein Vorbild sein sollte.

Dieses Buch präsentiert keine fertigen Lösungen für IPD, sondern will in erster Linie zum Nachdenken anregen und zeigen, welche Elemente dazugehören. Denn nur, wenn wir alle umdenken und offen sind für neue Formen der Zusammenarbeit, schaffen wir es, die geniale Idee der Dombauhütten in die Zukunft zu führen.

Die Reibungsverluste durch Missverständnisse in der Bestellung, Planung und Ausführung fussen auf dem Silodenken aller Beteiligten.

Das Zusammenarbeitsmodell des Simple Frameworks für IPD, wie es von Martin Fischer und anderen 2017 in den USA erarbeitet wurde, ist für uns ein vielversprechender Lösungsansatz, dem wir mit diesem Buch eine Plattform geben wollen. Dabei nehmen wir uns nicht ein Vorbild an der amerikanischen Bauweise. Wir übersetzen die Mechanismen, damit unsere Arbeitsweise optimiert werden kann.

Der Nutzen der Digitalisierung in der Planungs- und Baubranche wird teilweise als Selbstzweck verstanden und läuft aus unserer Sicht in eine falsche Richtung. So wird etwa Building Information Modeling (BIM) oft nur als technische Lösung gesehen und nicht als Chance für eine engere Zusammenarbeit oder als Basis für die einfachere Realisierung. Die Arbeitsweisen werden nicht verändert und die heutigen Probleme damit nur verstärkt.

Mit der Digitalisierung und insbesondere mit Instrumenten wie Building Information Modeling (BIM) und Virtual Design and Construction (VDC) haben wir beste Voraussetzungen für eine neue Form der Zusammenarbeit in der Planungs- und Baubranche. Wichtig ist aber, dass wir den Nutzen und die beteiligten Menschen in den Mittelpunkt stellen und nicht die Instrumente. Letztere sollen nur Hilfsmittel für die Zusammenarbeit sein.

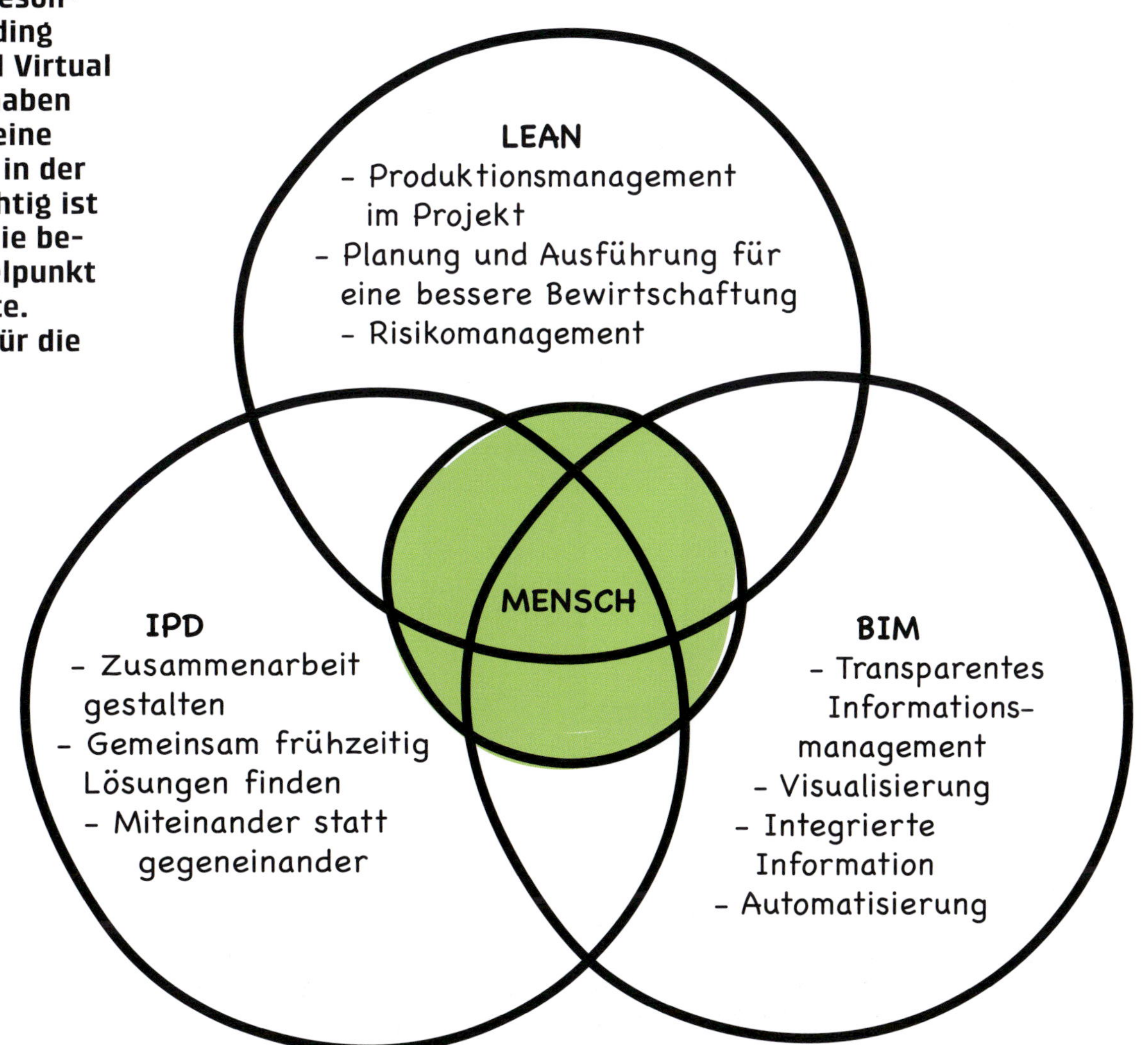

Wir alle stehen am Anfang und wollen auf die laufenden Entwicklungen reagieren. Deshalb freuen wir uns über Kritik, Lob und Inputs der Leserschaft auf ipd@weareready.team.

Grund

A

lagen

Definitionen, Abgrenzungen, Geschichte

«IPD erfordert einen radikalen Wechsel.»

«Weil es keinen Preiswettbewerb mehr gibt, zahle ich bei einem IPD-Projekt viel zu viel.»

«IPD ist eine grosse Chance für die Planungs- und Bauindustrie.»

«IPD hat sich im Ausland bei grossen Projekten bewährt – daher sollten wir es auch wagen.»

«IPD ist doch etwa dasselbe, wie wenn ich ein Totalunternehmen beauftrage.»

«Mit IPD habe ich als Auftraggeber überhaupt keine Sicherheit.»

«IPD löst alle Probleme beim Planen und Bauen.»

«IPD ist ein Kulturwandel, der viel Energie und zielgerichtetes Handeln erfordert.»

«Bei IPD reden viel zu viele Beteiligte mit.»

«Unser öffentliches Beschaffungswesen ist nicht mit IPD kompatibel.»

«IPD macht endlich Schluss mit den Leerläufen beim Planen und Bauen.»

«IPD schafft die notwendige Durchgängigkeit für eine industrielle Produktion und damit für eine effiziente Baulogistik.»

A

«IPD gehört bei grösseren Bauprojekten klar die Zukunft.»

«IPD erhöht die Effizienz bei der Projektabwicklung massiv.»

«Damit IPD funktioniert, muss man sich zuerst gemeinsam auf die Werte einigen.»

«Bei IPD muss ich mich als Auftraggeberin viel zu früh festlegen.»

roth gerüste
KIBAG

A

IPD – kurz, knapp und knackig

[Summary]

Integrated Project Delivery, kurz IPD, ist nicht einfach eine Methodik oder eine Technologie, die man rasch einführen kann, sondern ein Mindset. Damit Sie als Leserin oder Leser entscheiden können, ob Sie bereit sind, die Realisierung von Bauprojekten radikal anders anzugehen, zeigen wir Ihnen auf den folgenden sechs Seiten kurz, was das Ziel von IPD ist und was es dafür braucht. Basis dazu bildet das «Simple Framework» von Martin Fischer, Howard Ashcraft, Dean Reed und Atul Khanzode aus den USA. Es illustriert anschaulich, was das Mindset alles umfasst und wie die einzelnen Elemente zusammenspielen müssen, damit am Schluss ein Gebäude entsteht, das allen Ansprüchen genügt.

Die vier Überthemen

Die Elemente des IPD-Frameworks und die von den Beteiligten benötigten Skills lassen sich in vier Überthemen zusammenfassen:

- *Goal: das Hochleistungsgebäude als Ziel für alle Beteiligten*
- *Integrations: die enge Verflechtung von integrierten Systemen, Prozessen, Organisation und Informationsfluss*
- *Virtual Design & Construction Capabilities: die digitalen Tools für die Zusammenarbeit und Realisierung eines Projekts – insbesondere alle Elemente von Virtual Design and Construction (VDC) wie BIM oder Lean Construction*
- *Alignment Capacity: die Fähigkeit zur gemeinsamen Ausrichtung aller Beteiligten auf die Ziele des Projekts und beispielsweise auf den Abschluss eines dazu passenden Vertrags*

A

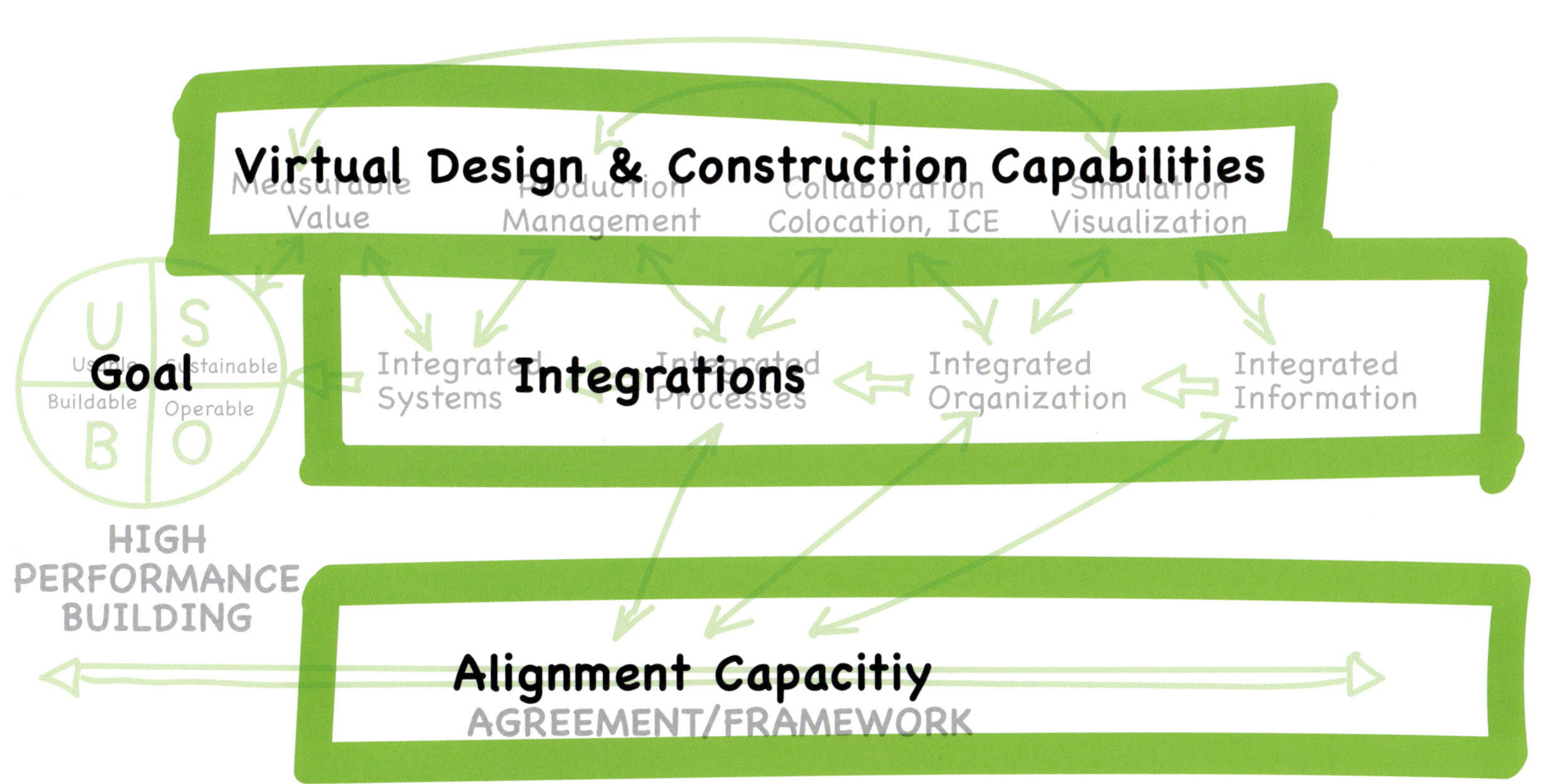

Grafik 1*
Drei Hauptelemente charakterisieren das IPD-Framework: Virtual Design & Construction Capabilities, Integrations und die Alignment Capacity.

* Die Visualisierung des IPD-Frameworks auf dieser und den folgenden vier Seiten stammt von Martin Fischer, Howard Ashcraft, Dean Reed und Atul Khanzode (© John Wiley & Sons, Inc.), sie wurde leicht adaptiert. Die Verwendung in diesem Buch erfolgt mit freundlicher Genehmigung der Autoren und des Verlags. Detaillierte Informationen zum Framework und zu den einzelnen Elementen finden sich im Buch «Integrating Project Delivery» (siehe Literaturverzeichnis, Seite 188).

Die Elemente des IPD-Frameworks

Das IPD-Framework umfasst neun Elemente, die alle ineinandergreifen müssen, damit das Ziel erreicht werden kann.

High Performance Building – Hochleistungsgebäude

Ein Gebäude zu bauen, das nicht nur schön, sondern auch effizient, kostengünstig in der Erstellung und im Betrieb sowie nachhaltig ist und das als Ganzes funktioniert, ist ein ehrgeiziges Ziel. Mit der klassischen Projektabwicklung lässt es sich in der Regel nicht erreichen, mit IPD hingegen schon. Zu einem Hochleistungsgebäude gehören folgende Attribute:

Buildable – realisierbar

- Einfach zu bauen, mit dem kleinstmöglichen Zeit- und Materialaufwand.
- Sicher zu bauen.
- Nutzung der besten verfügbaren Methoden und Technologien.

Operable – funktionsfähig

- Alle technischen Systeme arbeiten optimal zusammen, können leicht gewartet sowie repariert werden.
- Alle Anforderungen für den späteren Betrieb und die Instandhaltung werden bereits in der Planungsphase berücksichtigt und entsprechend umgesetzt.

Usable – verwendbar

- Einfach und ohne unnötigen Aufwand nutzbar.
- Erfüllt alle Anforderungen von Auftraggeberschaft und Nutzerschaft.

Sustainable – nachhaltig

- Steht im Einklang mit den Anforderungen an die Nachhaltigkeit (Soziales, Wirtschaft, Ökologie).
- Unterstützt Auftraggeberschaft und Nutzerschaft in ihrer Tätigkeit.
- Reduziert die Umweltbelastung.
- Verursacht geringe Betriebskosten und trägt damit zur Wettbewerbsfähigkeit des Gebäudes und seiner Eigentümer auf dem Markt bei.

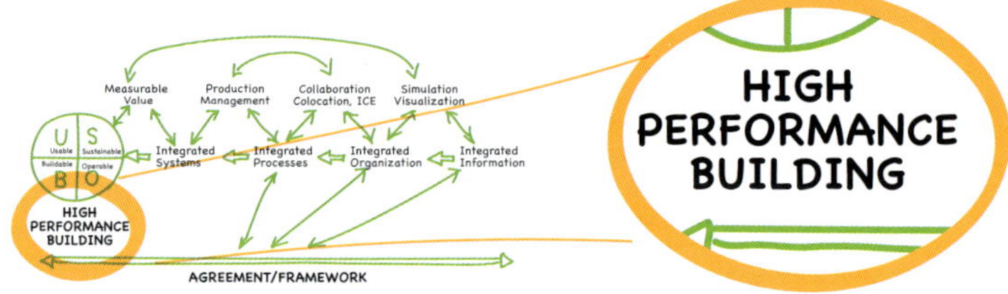

Grafik 2
High Performance Building – Hochleistungsgebäude

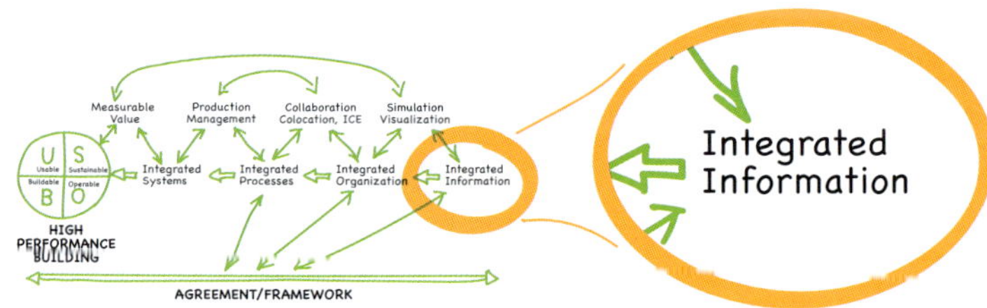

Grafik 3
Integrated Informations – integrierte Informationen

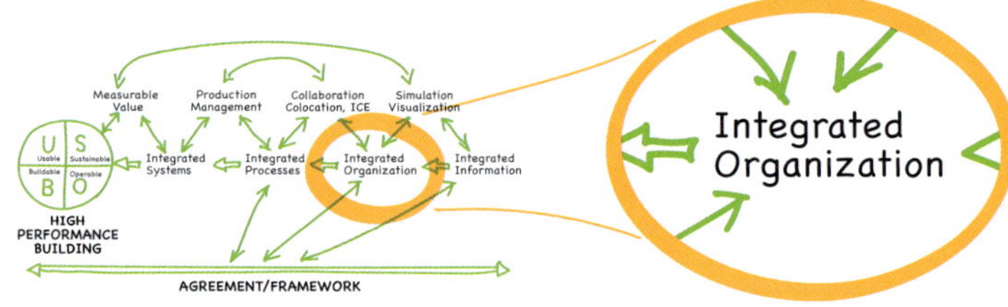

Grafik 4
Integrated Organization – integrierte Organisation

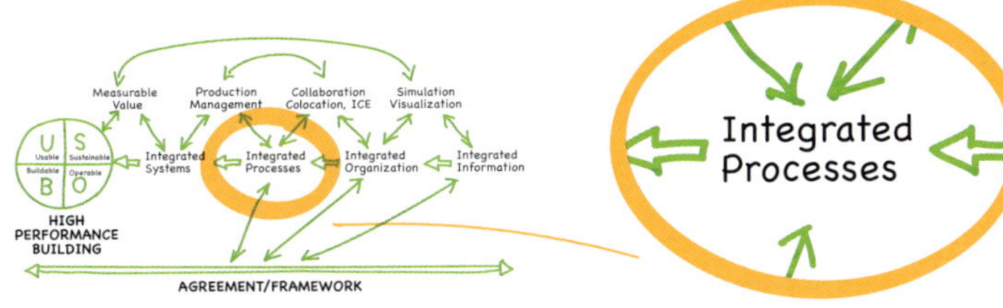

Grafik 5
Integrated Processes – integrierte Prozesse

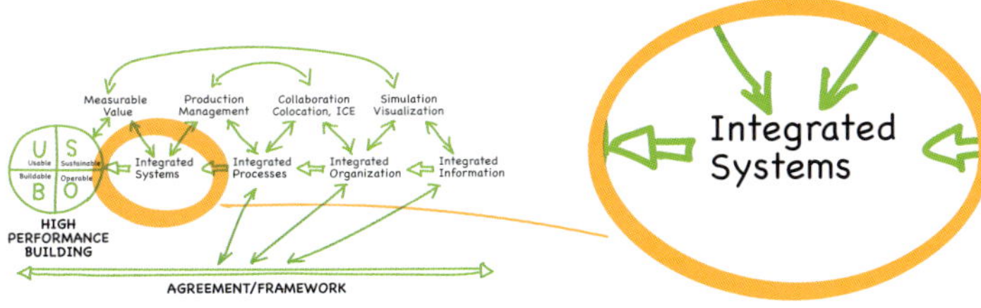

Grafik 6
Integrated Systems – integrierte Systeme

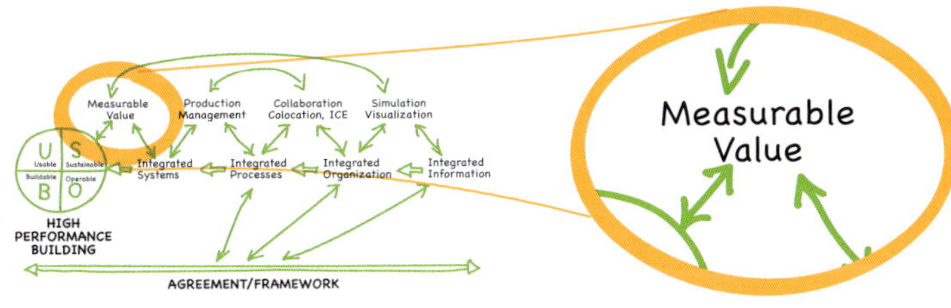

Grafik 7
Measurable Value – messbarer Wert

Integrated Informations – integrierte Informationen

Der permanente Informationsaustausch ist ein weiteres wichtiges Element von IPD. Nur wenn alle gleichzeitig Zugriff haben auf alle wichtigen Informationen zu Themen wie Projektumfang, Termine, Kosten und Qualität, können sie mitdenken, mitentscheiden und mitgestalten. Dazu braucht es eine gemeinsame Sprache, gemeinsame Standards, BIM-Modelle und Visualisierungstools, mit denen die Abhängigkeiten einzelner Disziplinen sichtbar werden. Ebenso sind Instrumente, beispielsweise ein Dashboard, zum laufenden Informationsaustausch nötig.

Integrated Organization – integrierte Organisation

Bei der klassischen Bauabwicklung arbeiten die Beteiligten für sich ihren Silos und sind in erste Linie bemüht, ihr Risiko zu minimieren und den eigenen Gewinn zu maximieren. IPD verfolgt einen radikal anderen Ansatz: Hier arbeiten alle Schlüsselpersonen so zusammen, als ob sie zum gleichen Unternehmen gehören würden. Es gibt keine formalen Befehlsketten, sondern alle sind für das Projekt als Ganzes verantwortlich.

Integrated Processes – integrierte Prozesse

Nur wenn alle Beteiligten eng mit der Auftraggeberschaft und den künftigen Nutzenden sowie untereinander zusammenarbeiten, können alle Anforderungen ans künftige Gebäude ermittelt und umgesetzt werden. Diese Vorabklärungen sind auch Voraussetzung für eine möglichst weitgehende Vorfertigung wichtiger Gebäudeteile sowie für eine über alle Unternehmen abgestimmte Baulogistik, was wiederum die Effizienz und die Qualität erhöht.

Integrated Systems – integrierte Systeme

Nur wenn klar ist, welche Anforderungen die Nutzenden und die Auftraggeberschaft an die technischen Systeme des künftigen Gebäudes haben, und wenn diese durch enge Zusammenarbeit aller Beteiligten geplant werden, entsteht eine integrierte Lösung, bei der alle Systeme miteinander funktionieren.

Measurable Value – messbarer Wert

Ein Hochleistungsgebäude kann nur entstehen, wenn die damit verbundenen Eckwerte definiert und von allen verstanden werden. Dazu muss sich das Team zu Beginn auf alle nötigen messbaren Werte einigen und deren Einhaltung kontinuierlich überprüfen.

Production Management – Produktionsmanagement

Nur wenn alle Beteiligten in der Planung und Ausführung Hand in Hand arbeiten, lassen sich die gesteckten Ziele erreichen. Lean Management stellt sicher, dass die richtigen Personen zur richtigen Zeit die richtigen Dinge tun. Dazu braucht es ein gemeinsames Verständnis für die Aufgabe, und die Arbeit muss im Team geplant werden. Neben der Planung ist die Baulogistik im Rahmen der Ausführung von zentraler Bedeutung, sie muss daher gut orchestriert werden. So ist sichergestellt, dass neben den Personen auch das Material zur richtigen Zeit am richtigen Ort ist. Mit dazu gehören tägliche kurze Sitzungen, um die Aktivitäten aufeinander abzustimmen.

Collaboration and Colocation, ICE – Zusammenarbeit vor Ort

Alle wichtigen Mitglieder des IPD-Teams arbeiten an einem Ort zusammen. Ein solcher Big Room verursacht zwar Kosten, reduziert aber den finanziellen Aufwand für das Gesamtprojekt und vereinfacht den Austausch zwischen allen Beteiligten. Die Zusammenarbeit vor Ort steigert zudem die Kreativität, unterstützt das gemeinsame Verständnis der Aufgabe, stärkt die Beziehung der Teammitglieder und erleichtert die Entscheidungsfindung.

Visualization and Simulation – Visualisierung und Simulation

BIM und andere Simulationswerkzeuge ermöglichen es den Teams, fundierte Entscheide am dreidimensionalen, virtuellen Zwilling zu treffen, und stellen sicher, dass der Entwurf dem späteren Gebäude möglichst nahekommt.

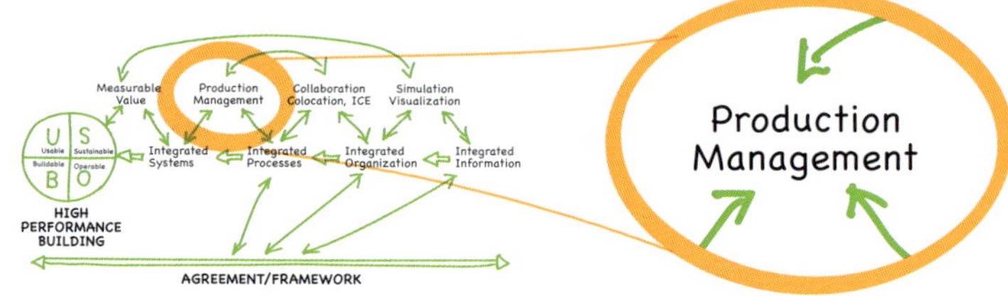

Grafik 8
Production Management – Produktionsmanagement

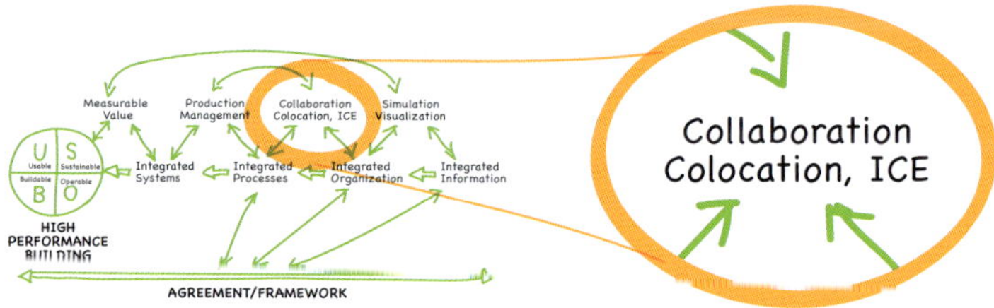

Grafik 9
Collaboration and Colocation, ICE – Zusammenarbeit vor Ort

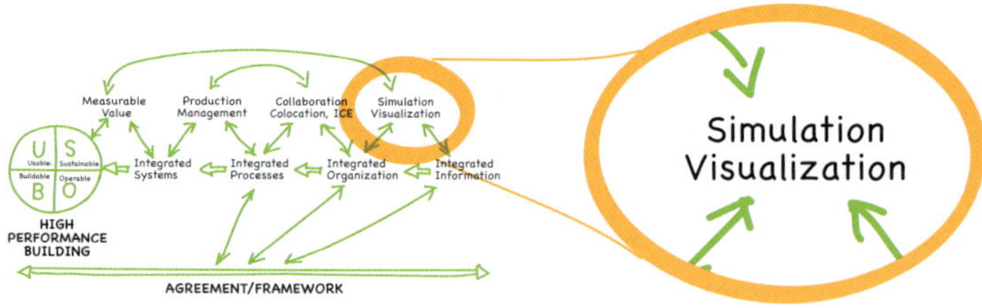

Grafik 10
Visualization and Simulation – Visualisierung und Simulation

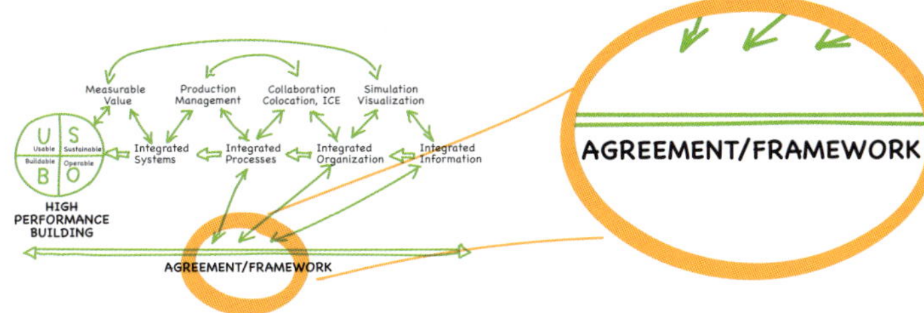

Grafik 11
Agreement/Framework – Vereinbarung/Rahmenwerk

Agreement/Framework – Vereinbarung/Rahmenwerk

Ohne Vertrag geht es auch bei IPD nicht. Er stellt die Strukturen für das optimale Funktionieren des IPD-Teams bereit. Doch statt eines Zweiparteienvertrags wie bei der klassischen Projektabwicklung schliessen alle Beteiligten miteinander einen Mehrparteienvertrag ab. Dieser regelt beispielsweise die Zusammenarbeit, den Umgang mit Risiken und Chancen, die Entscheidungsprozesse und das gewählte Anreizsystem bei erfolgreicher Umsetzung des Projekts.

Traditionell versus integriert – zwei Welten

Das Simple Framework zeigt es: Die klassische Projektabwicklung und der integrierte Ansatz sind Welten voneinander entfernt. Die folgende Tabelle fasst die grundlegenden Unterschiede zusammen.

	Klassische Projektabwicklung	**Integrierte Projektabwicklung**
Beteiligte Teams	Fragmentiert, kontrolliert, hierarchisch organisiert	Integriertes Team mit allen wichtigen Projektbeteiligten, das in frühem Stadium des Prozesses zusammengestellt wird und eng zusammenarbeitet
Prozess	Linear, getrennt, in Silos	Gleichzeitiger, mehrstufiger und offener Informationsaustausch
Risiko	Individuell, möglichst weitgehend auf andere abgewälzt	Gemeinsam getragen, gerecht geteilt
Honorierung	Individuell, preisgetrieben (tiefster Preis für Planung, Bau, Erstellung des Gebäudes)	Wertorientiert, Teamerfolg ist mit festgelegten Projektzielen verknüpft
Kommunikation	Zweidimensional	Digital, virtuell, stark auf BIM und Simulationen gestützt
Verträge	Zweiparteienvertrag, einseitige Verfolgung von Zielen, Risikoabwälzung	Mehrparteienvertrag, offener Austausch über Risiken und Informationen
Umgang miteinander	Selbsterhaltung, kämpferisch	Offen, von Vertrauen geprägt

Quelle: American Institute of Architects (AIA)

Sind Sie bereit, klassische Arbeitsweisen über Bord zu werfen und eine neue Methode für die Umsetzung von Bauprojekten kennenzulernen?

Falls nein, geben Sie das Buch an andere Interessierte weiter.

Falls ja, finden Sie auf den folgenden Seiten vertiefte Informationen dazu.

A

«Wir müssen wieder lernen, bei Projekten die gemeinsamen Chancen und nicht nur die eigenen Risiken zu sehen.»

Bruno Jung, Leiter Projektmanagement Infrastruktur, Insel Gruppe Bern (CH)

Die IPD-Map

Die Arbeit des Autorenteams im Rahmen eines Workshops hat gezeigt, dass IPD an extrem vielen Stellen in den Planungs- und Bauprozess eingreift und eng mit verschiedenen Zukunftstrends verknüpft ist. Basierend auf der an einen U-Bahn-Plan angelehnten Megatrendmap des Zukunftsinstituts in Frankfurt entstand die Idee, IPD und seine Verknüpfungen in ähnlicher Art aufzuzeichnen. Diese Aufgabe übernahmen Studierende der Hochschule für Technik Stuttgart während des Herbstsemesters 2021 unter der Anleitung von Aldo Renz, Senior Lean Transformer bei refine Schweiz AG. Die hier gezeigte Karte ist die beste, die während des Semesters entstanden ist. Sie wurde von den Studierenden Roman Weber, Marius Heißler, Tim Scholl sowie Christian Schiller erstellt und zeigt eindrücklich, wo und wie IPD in die Planung und den Bau von Gebäuden eingreift.

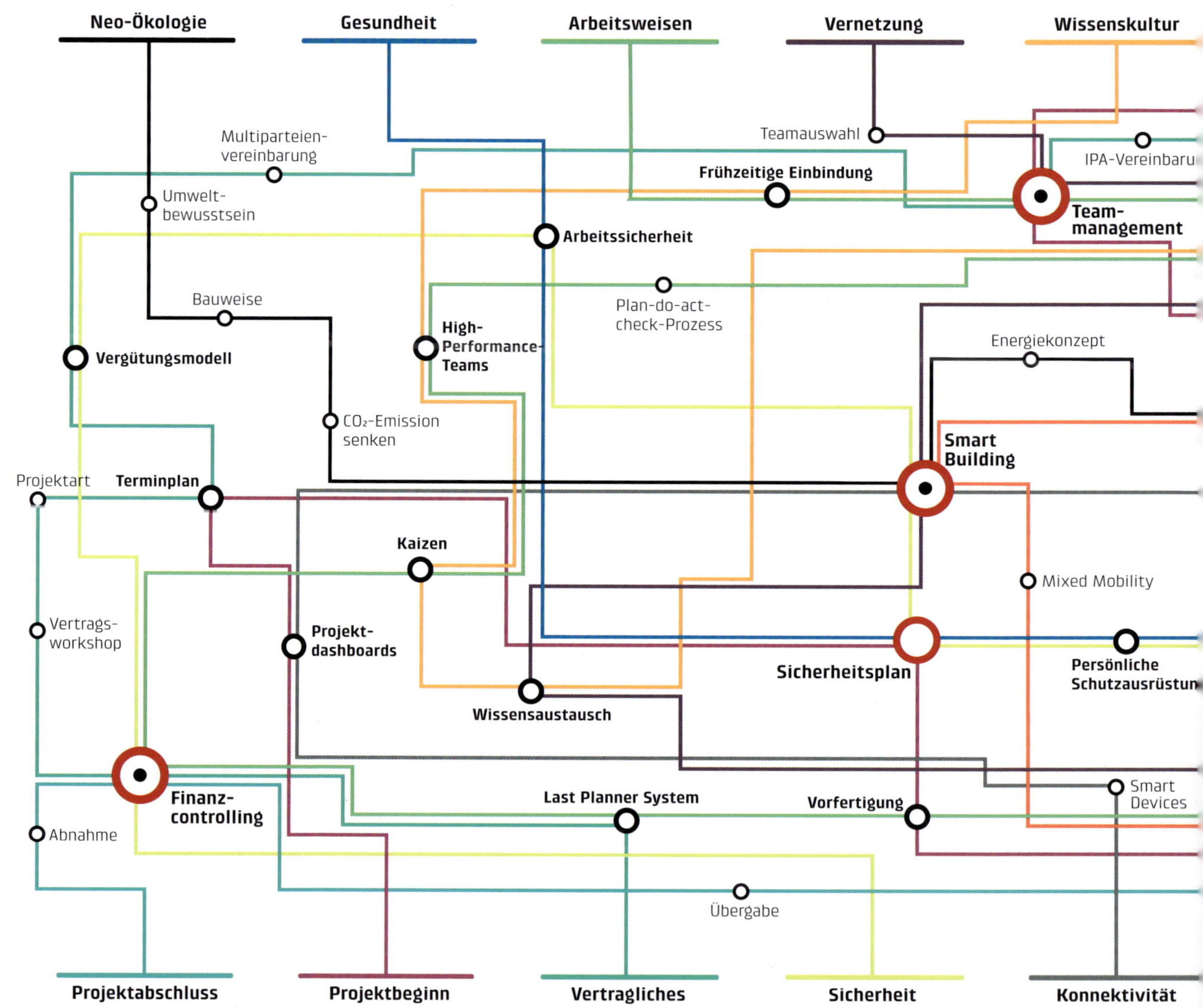

Begrifflichkeiten ohne Schnittstelle

Begrifflichkeiten mit zwei Überschneidungen

Begrifflichkeiten mit drei Überschneidungen

Begrifflichkeiten mit vier und mehr Überschneidungen

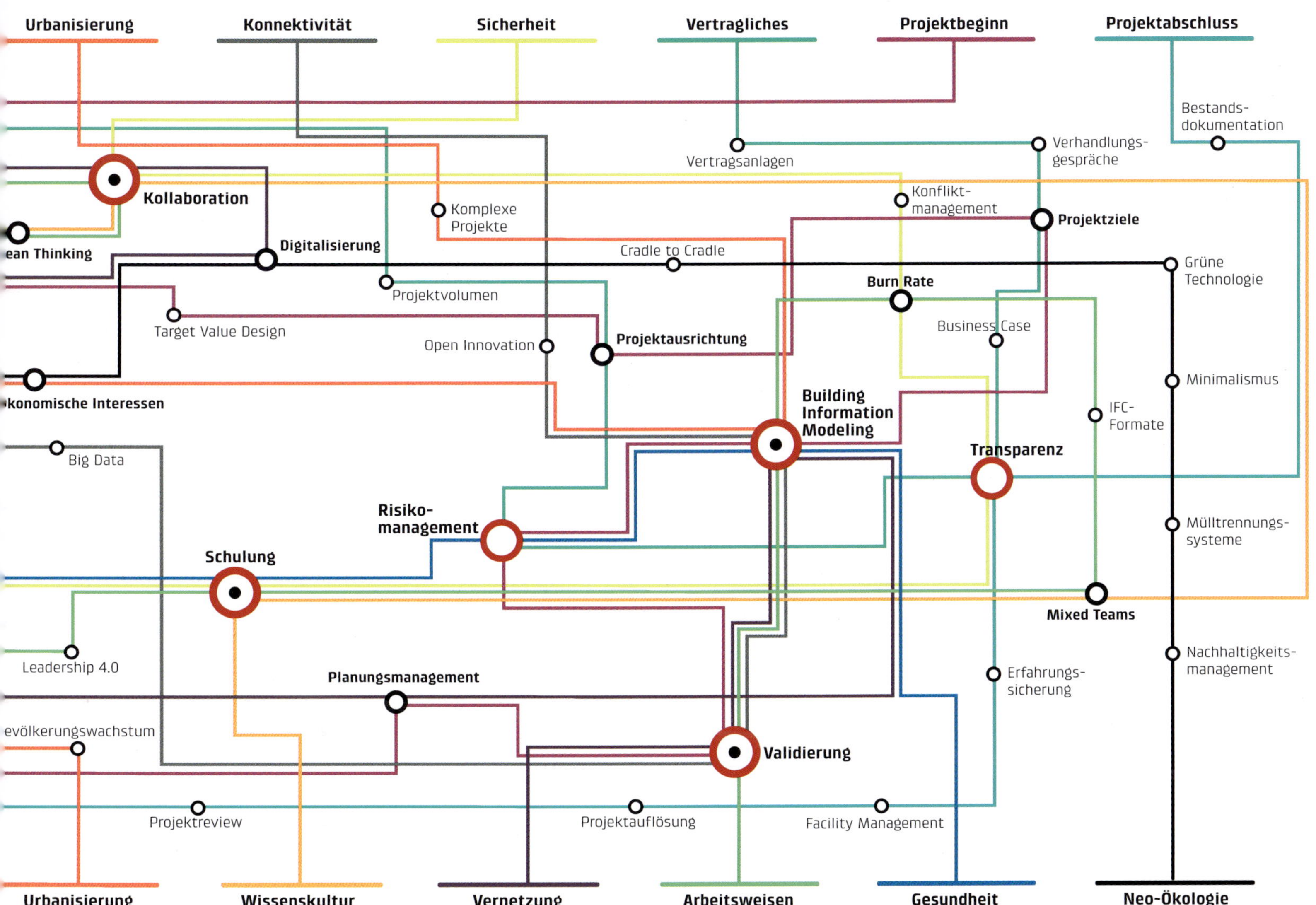

Urbanisierung
Konnektivität
Sicherheit
Vertragliches
Projektbeginn
Projektabschluss
Bestands-
dokumentation
Verhandlungs-
gespräche
Vertragsanlagen
Kollaboration
Konflikt-
management
Komplexe
Projekte
Projektziele
ean Thinking
Digitalisierung
Cradle to Cradle
Grüne
Technologie
Burn Rate
Projektvolumen
Target Value Design
Business Case
Open Innovation
Projektausrichtung
Minimalismus
konomische Interessen
Building
Information
Modeling
IFC-
Formate
Transparenz
Big Data
Risiko-
management
Müllrennungs-
systeme
Schulung
Mixed Teams
Leadership 4.0
Nachhaltigkeits-
management
Erfahrungs-
sicherung
Planungsmanagement
evölkerungswachstum
Validierung
Projektreview
Projektauflösung
Facility Management
Urbanisierung
Wissenskultur
Vernetzung
Arbeitsweisen
Gesundheit
Neo-Ökologie

IPD auf den Punkt gebracht:

pasitikėjimas

tillit

Confiance

zaufanje

Vertrauen

zaufanie

besim

εμπιστοσύνη

povjerenje

confianza

usaldus

信頼 shin'yō

Trust

luottamus

förtroende

důvěra

ymddiriedaeth

fiducia

Aktuelle Herausforderungen und Lösungsansätze bei der Planung und der Realisierung von Bauprojekten

Herausforderung	→←	Lösung
Isoliert	→←	Integriert
Einsam	→←	Gemeinsam
Geschlossen	→←	Offen
Diffus	→←	Zielgerichtet
Zufällig	→←	Organisiert
Naiv	→←	Kritisch
Verhandeln	→←	Vereinbaren

Planen und Bauen heute

Die Situation:

- Hoher Grad an Ineffizienz (z. B. Leerläufe, unklare Bestellung)
- Starke Fragmentierung
- Grosse Reibungsverluste (z. B. unnötige Projektüberarbeitungen)
- Hoher Verschleiss von Mitarbeitenden
- Niedrige Produktivität
- Hoher finanzieller Druck für alle Beteiligten (z. B. Abgebotsrunden)
- Zahlreiche Streitigkeiten (z. B. Schuldzuweisungen)
- Widersprüchliche (Vertrags-)Verhältnisse zwischen den Projektpartnern
- Schwierigkeit, neue Managementprinzipien und innovative Technologien zu nutzen
- Anfänglich nicht definierte oder sich mit der Zeit wandelnde Anforderungen an das Bauwerk

Die Folgen:

- Die Projekte werden zu teuer.
- Die Projekte werden zu spät abgeschlossen.
- Die Qualität sinkt.
- Die Kundenwünsche werden nicht vollständig berücksichtigt.
- Die Mehrkosten werden auf die Endkunden und Nutzerinnen überwälzt.
- Die Arbeitssicherheit leidet.

Miteinander statt gegeneinander

Die heute übliche Art, Bauprojekte zu planen und auszuführen, ist von einem Silodenken und von der klassischen Abwicklung in Phasen geprägt. Jeder Planer und jeder Handwerker gibt zwar in der Regel sein Bestes, schaut aber, etwas überspitzt formuliert, doch vor allem für sich selbst. Das zeigt sich auch in den Verträgen, die darauf ausgerichtet sind, die eigenen Interessen zu wahren. Die Planung und die Ausführung laufen also fragmentiert ab, und statt Innovationen zu fördern, wird vor allem Preiskampf betrieben. Der Auftraggeber erhält dann zwar meist ein Produkt, das in etwa seinen Preisvorstellungen entspricht, ob es aber wirklich auch seine Bedürfnisse und diejenigen der späteren Nutzenden erfüllt, steht auf einem anderen Blatt.

Bei IPD werden die ökonomischen Interessen aller Beteiligten in Einklang mit dem Projektziel gebracht.

Integrated Project Delivery (IPD) bricht das Silodenken auf. Im Zentrum stehen die Menschen und ihr stetig optimiertes Handeln: vom Auftraggeber über die Planerin und die Ausführenden hin bis zu den Nutzenden. Die ökonomischen Interessen aller Beteiligten sollen mit den Projektzielen in Einklang gebracht werden. Die einzelnen Unternehmen müssen nicht wie heute üblich unter Kostendruck ums finanzielle Überleben kämpfen, sondern haben die Sicherheit, dass sie fair für ihre Arbeit entschädigt werden und im besten Fall eine zusätzliche Belohnung erhalten. Damit dies gelingt, müssen gemeinsam zuerst Wertvorstellungen erarbeitet werden, auf denen basierend dann ein Projekt, dessen Ziele sowie dessen Wert für den Auftraggeber entwickelt und später realisiert werden. Ein Projekt, das die Bedürfnisse der Auftraggeberschaft sowie der Nutzenden bestmöglich erfüllt und die gewünschte Rendite bringt. Auch wenn die spätere Nutzerin als Person oder Organisation noch nicht bekannt sein sollte, muss für alle Beteiligten klar werden, welchen Nutzen das Bauwerk über seine Lebensdauer hinweg erfüllen soll. Deshalb ist IPD kein auf den maximalen Profit des Einzelnen ausgerichtetes Geschäftsmodell, sondern eine Form der Zusammenarbeit auf Augenhöhe. Ein wichtiger Baustein sind dabei die personellen und materiellen Ressourcen. Sie sollen sowohl bei der Planung als auch bei der Ausführung effizient eingesetzt werden. Damit sich die Anforderungen eines IPD-Projekts erfüllen lassen, müssen die Ziele in den folgenden Kategorien definiert werden:

- Buildable – baulich gut realisierbar
- Operable – effizient im Betrieb
- Usable – auf die Bedürfnisse der Nutzenden zugeschnitten
- Sustainable – nachhaltig auf allen Ebenen (ökologisch, wirtschaftlich, sozial)

Stehen diese Ziele in einer optimalen Balance, spricht man von einem High Performance Building.

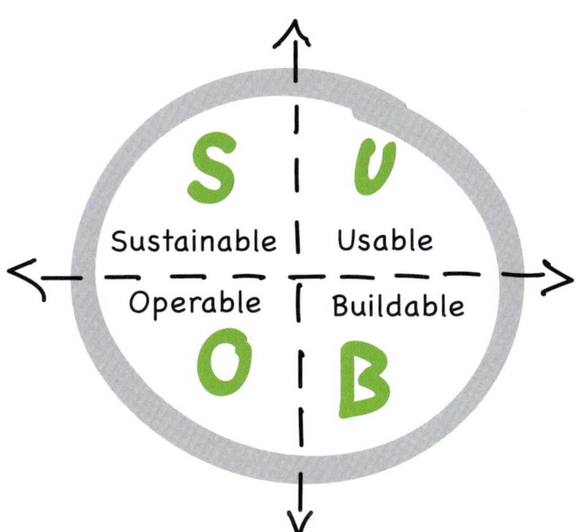

Grafik 12
Diese vier Grundziele sollen mit einem IPD-Projekt erreicht werden.

» ***Das Beste fürs Projekt ist bei IPD auch das Beste für die ökonomischen Ziele jedes beteiligten Partners.***

Die Basis: Simple Framework für IPD

Das Grundverständnis von IPD im vorliegenden Buch basiert auf dem Konzept des Simple Frameworks für IPD-Projekte (siehe Seite 16 und 100). Der Grundrahmen umfasst sämtliche für IPD nötigen Elemente: das Bekenntnis aller Beteiligten zu den gemeinsamen Werten und zu den Zielen des Projekts bezüglich Qualität, Nutzbarkeit und Ökonomie ebenso wie die Systeme, Prozesse, Organisationsformen und das Informationsmanagement. Sie alle müssen integriert, also gemeinsam gestaltet werden, damit das Ziel, ein High Performance Building, erreicht werden kann. Damit integrierte Prozesse möglich sind, müssen die Organisationen, die am Planungs- und

z.B.

Wohn- und Gewerbehaus
Linzer Strasse 387–391, Wien (A)

Auftraggeberschaft:	Handler Immobilien GmbH, Bad Schönau
Schlüsselunternehmen:	Handler Bau, Bad Schönau (Architektur und Ausführung), Woschitz Group, Wien (Tragwerksplanung und Bauphysik), Zencon Group, Wien (HLKS und Elektroplanung)
Weitere wichtige Beteiligte:	refine Projects AG, Stuttgart (Lean und IPA, refine, VCC, BIM)
Investitionsvolumen:	Ca. 14 Mio. CHF
Ausführung:	Planungsphase: Mai 2021 – Juni 2022 Realisierungsphase: Juni 2022 – Q2 2023
Ergebnisse:	• Auswahl der Partner auf der Basis von Interviews und internen Stabilitätskriterien mit der Choosing-by-Advantage-Methode. • Hohe Qualität und effiziente Zusammenarbeit durch kollaboratives, transparentes Arbeiten mit Lean Construction und BIM. • Die Projekterfolgsbeteiligung aller Partner nach einem Vergütungssystem auf der Basis der Projektallianzverträge sorgt für konstruktive Zusammenarbeit und hohe Motivation aller Projektbeteiligten. • Die Zeit bis zur Einreichplanung konnte im Vergleich zu anderen Projekten des Auftraggebers halbiert werden.

Die Definition von IPD variiert von Land zu Land, der Kern ist aber immer derselbe.

Definition IPD 1

«IPD ist ein Ansatz zur Projektabwicklung. Dabei werden Menschen, Systeme, Geschäftsstrukturen und Methoden in einen Prozess integriert, der die Talente und das Wissen aller Beteiligten gemeinschaftlich nutzt. Ziel ist es, die Projektergebnisse zu optimieren, den Wert für den Eigentümer zu erhöhen, Verschwendung zu reduzieren und die Effizienz in allen Phasen der Planung, der Herstellung und der Konstruktion zu maximieren.»

The American Institute of Architects, 2007

Definition IPD 2

«IPD-Verträge bieten die Möglichkeit, Probleme mit der Allianzform anzugehen und das kooperative Contracting als Liefermodell wiederzubeleben, das wiederum eine Grundlage für die Einführung schlanker Bauprinzipien und -prozesse bieten kann.»

Australian Contractors Association, 2018

Definition IPD 3

«Die integrierte Projektabwicklung ist eine Methode, die sich durch eine vertragliche Vereinbarung zwischen Auftraggeber, Planungsverantwortlichen und Hauptunternehmer auszeichnet und bei der Risiko und Bonus geteilt werden – der Erfolg also vom Projekterfolg abhängt.»

Zachary Cohen, 2010

Bauprozess beteiligt sind, möglichst eng zusammenarbeiten und die relevanten Informationen gemeinsam teilen. Dies wird durch die VDC-Elemente (Virtual Design and Construction) in der Anwendung möglich.

A

Viele Begriffe – gleiche Stossrichtung

Im deutschsprachigen Raum laufen IPD-Projekte unter verschiedenen Begriffen, die aber alle dieselbe Bedeutung haben:

- Integrated Project Delivery (IPD)
- Integrierte Projektabwicklung (IPA)
- Projektallianz oder Allianz
- Kollaborationsvertrag
- Mehrparteienvertrag
- Open-Book-Contracting (auch ohne IPD möglich)

In Finnland wurden bereits mehr als 100 Projekte erfolgreich mit IPD* realisiert.

* In Finnland werden IPD-Projekte «Project Alliance» genannt.

Die fünf Pfeiler der Allianz

IPD basiert auf der Zusammenarbeit aller am Projekt Beteiligten, die idealerweise gemeinsam einen Mehrparteienvertrag (Allianzvertrag) abschliessen. Diese Allianz besteht aus fünf Pfeilern:

- **Pfeiler 1 – Zusagen** Projekte als Netzwerk von sicheren Zusagen
- **Pfeiler 2 – Optimierung** Vermeiden von Verschwendung über den gesamten Prozess hinweg
- **Pfeiler 3 – Lernen** Enge Verzahnung von Lernen und Handeln
- **Pfeiler 4 – Beziehungen** Verstärkung der Relation zwischen allen Projektbeteiligten
- **Pfeiler 5 – Kollaboration** Zusammenarbeit im wahrsten Sinn des Wortes

Je komplexer, desto IPD?

Ein Blick auf die bisher weltweit umgesetzten IPD-Projekte im Hoch- und Tiefbau zeigt: Je komplexer das Projekt und die betrieblichen Anforderungen und je grösser die Zahl der involvierten Stakeholder, desto eher kommt IPD zur Anwendung. IPD ist aber auch ein zielführender Lösungsansatz für kleinere Projekte – das belegen Beispiele aus Deutschland und Norwegen. Die Auswertung der bisher realisierten Projekte unterstreicht den Erfolg des Zusammenarbeitsmodells: In Australien beispielsweise wurden gemäss Statistiken des Bundesstaats Victoria 80 Prozent der mit IPD umgesetzten Projekte der öffentlichen Hand termingerecht oder früher realisiert, 85 Prozent lagen innerhalb oder gar unterhalb des Kostenrahmens.

Nicht jedes Projekt eignet sich für IPD, und IPD ersetzt nicht einfach bestehende Formen der Projektabwicklung, sondern ist ein Erfolg versprechender Weg für die Umsetzung von Bauprojekten.

«IPD verändert die Spielregeln beim Planen und Bauen, damit die Kollaboration zur Erreichung der Projektziele im ökonomischen Interesse aller Beteiligten liegt.»

Shervin Haghsheno, Universitätsprofessor am Karlsruher Institut für Technologie (KIT) und Mitglied der Leitung des IPA-Zentrums, des Kompetenzzentrums für Integrierte Projektabwicklung, Karlsruhe (D)

IPD – das müssen Sie vor dem Start unbedingt wissen

IPD erfordert Radikalität

IPD erfordert ein radikales Umdenken. Deshalb müssen Sie alle bisherigen Abläufe über Bord werfen und komplett offen sein, neue Wege zu gehen. Nur ein bisschen IPD gibt es nicht – entweder sind alle Beteiligten voll dabei und bringen sich gleichberechtigt in den integrativen Prozess mit all seinen Chancen und Gefahren ein oder man lässt es lieber gleich bleiben. Anders gesagt: Wenn Sie keine Lust haben auf einen radikalen Wechsel, bleiben Sie besser bei den bekannten Abläufen und Zusammenarbeitsmodellen.

Bei IPD kommt der Vertrag erst zum Schluss

Im heute üblichen Planungs- und Bauprozess werden bereits sehr früh Planer- und Werkverträge abgeschlossen. Bei IPD hingegen duchlaufen Sie zuerst einen Findungsprozess, in dem sich alle Beteiligten auf gemeinsame Werte und Ziele für das Projekt einigen. Erst dann definieren Sie gemeinsam die geeignete Vertragsform und setzen den Vertrag auf. Idealerweise handelt es sich dabei um einen Mehrparteienvertrag, je nach Ziel ist dies jedoch nicht zwingend der Fall. Auch Werkgruppen begünstigen beispielsweise die frühe Einbindung der Ausführenden und ermöglichen, integriert zusammenzuarbeiten.

IPD braucht einen Coach

Betreten Sie und die Mehrheit der Beteiligten in einem IPD-Projekt Neuland, brauchen Sie unbedingt einen neutralen Coach mit einem entsprechenden Leistungsausweis. Denn startet man ein IPD-Projekt ohne die nötige Erfahrung, ist das etwa so, wie wenn ein Fussballclub aus der Regionalliga in der Champions League mitspielen möchte. Dieses Ziel schafft der Club nicht mit einem Spielertrainer aus den eigenen Reihen, sondern nur mit einem erfahrenen Coach, der vom Spielfeldrand aus den Überblick behält. Bei einem IPD-Projekt sorgt der Coach vor allem dafür, dass eine Kultur der Zusammenarbeit entsteht und gepflegt wird.

IPD schickt Juristen in den Urlaub

Radikal gesagt: Was bei einem IPD-Projekt schlussendlich wie vertraglich fixiert wird, entscheiden die Beteiligten erst, wenn sie alle wichtigen Punkte zum Projekt geregelt haben. Unter Umständen genügt eine mündliche Abmachung, vielleicht braucht es aber auch ein einfaches Vertragswerk. Juristen benötigt man also nicht in jedem Fall – und wenn sie beigezogen werden, betreten sie Neuland, unternehmen eine Fahrt auf eine einsame Insel, ohne zu wissen, wie sie von dort wieder wegkommen.

Bei IPD ist Vertrauen das A und O

IPD funktioniert nur, wenn Sie und alle am Projekt Beteiligten sich gegenseitig voll vertrauen. Basis dafür bildet eine Kultur der Zusammenarbeit, wie es sie auch bei Lean (siehe Seite 36) braucht, in der alle offen miteinander umgehen und Bedenken sowie Meinungen frei äussern. Ebenso muss allen Beteiligten klar sein, dass sie dieses Vertrauen nicht enttäuschen dürfen. So wie es bei Geschäften, die mit einem Handschlag beschossen werden, seit Jahrhunderten üblich ist.

IPD ist verdammt anstrengend

IPD ist über lange Strecken ein iterativer Prozess mit einer intensiven Auseinandersetzung in teilweise grösseren Gruppen. Das ist wesentlich anstrengender, als wenn Sie still im Büro vor sich hin arbeiten und die Entscheide selber fällen. Dieser anstrengende Prozess führt am Schluss aber zu fundierten Lösungen und zeigt oft auch neue Wege auf, um das Ziel effizient zu erreichen. Er funktioniert jedoch nur, wenn alle Beteiligten wirklich wollen und die dafür nötige Energie sowie Zeit investieren.

IPD verlangt zu Beginn mehr Aufwand

Wer Holz schlagen will, muss zuerst seine Axt schärfen. Dieses Sprichwort gilt auch für IPD. Denn ohne Aufwand geht es nicht. Das gilt vor allem für die Startphase. Für den Findungsprozess, den eventuell nötigen Beizug eines Coaches sowie die Erarbeitung der gemeinsamen Werte müssen Sie Zeit und Geld aufwenden. Doch die Erfahrung aus vielen Projekten zeigt: Der höhere zeitliche und finanzielle Startaufwand wird im Verlauf des Projekts wieder wettgemacht – durch eine effizientere und kostengünstigere Umsetzung, ein qualitativ besseres Bauwerk sowie ein exakt auf die Wünsche der Nutzenden zugeschnittenes Resultat.

IPD funktioniert auch im öffentlichen Beschaffungswesen

Verschiedene Projekte, die im skandinavischen Raum realisiert wurden, sowie Studien dazu – unter anderem aus Deutschland – zeigen: IPD funktioniert auch unter Berücksichtigung der Regeln des öffentlichen Beschaffungswesens (siehe auch Seite 122). Voraussetzung ist aber, dass Sie als die für eine öffentliche Ausschreibung verantwortliche Person wirklich bereit sind, Projekte auf neuen Wegen zu realisieren und die Möglichkeiten innerhalb der Beschaffungsvorgaben zu nutzen.

Zahlen und Fakten zu IPD

Studien zeigen:*

- *IPD spart bis zu 15 Prozent Kosten.*
- *Bei IPD waren bis zu 97 Prozent der Erstabnahmen von Bauwerken erfolgreich.*
- *IPD hat die Bauzeit um bis zu 8,5 Prozent verkürzt.*
- *Die Betriebsergebnismarge (Effizienz) liegt bei IPD-Bauwerken bis zu 3 Prozent höher als bei herkömmlichen Projekten*

* Quelle: Referat von Stefan Götzinger, Leiter Projekte, SBB AG Infrastruktur, Infra-Tagung 2017

Vorbild Bauhütte

Eigentlich ist die Idee von IPD nicht neu. Schon die Bauhütten für die Erstellung der Kathedralen der Gotik basierten auf einem ähnlichen Modell: Alle Beteiligten vom Auftraggeber oder von dessen Vertreter über den Architekten (Baumeister) bis hin zu den Handwerkern arbeiteten am selben Ort Hand in Hand zusammen, um das anspruchsvolle Bauwerk ganz nach den Wünschen des Auftraggebers zu realisieren. Solche Bauhütten fanden sich in der Zeit zwischen dem 11. und dem 17. Jahrhundert beispielsweise in Bern, Strassburg oder Köln.

Die Auswertung realisierter Projekte zeigt, dass IPD ein erfolgreiches Modell ist.

Analogie zum Familienausflug

Eine schöne Analogie zur Umsetzung eines Projekts mit IPD bildet ein Familienausflug. Der Ausflug symbolisiert das Projekt, die Familienmitglieder bilden das Team. In einer ersten Phase äussern alle Familienmitglieder ihre Wünsche und legen miteinander die Anforderungen an den Ausflug fest. Dabei helfen ihnen die gemeinsamen Werte und das Wissen über die Vorlieben und Abneigungen der einzelnen Personen. Steht das Gerüst des Ausflugs, werden die Aufgaben verteilt. Dabei übernimmt jedes Mitglied den Part, den es am besten beherrscht und zu dem es möglicherweise das grösste Wissen hat. Zusammengehalten werden die Fäden von einem von allen anerkannten Familienmitglied. An einem weiteren Treffen präsentiert jede und jeder Vorschläge für die jeweilige Aufgabe. Gemeinsam werden die einzelnen Posten dann bereinigt, wenn nötig wird eine weitere Schlaufe eingeschaltet. Ist alles geregelt, geht es los. Unterwegs auf dem Ausflug führt immer dasjenige Mitglied der Familie, dessen Rolle gerade an der Reihe ist – etwa die Bahnreise, der Spaziergang oder das gemeinsame Essen im Restaurant.

A

Nicht alles ist IPD

Lean Construction, BIM, VDC oder Last Planner System – in den letzten Jahren sind in der Bauplanung zahlreiche neue Begriffe aufgetaucht. Dazu kommen bereits länger bekannte Modelle, etwa Werkgruppen oder Arbeitsgemeinschaften (siehe Boxen auf der folgenden Doppelseite). Hinter vielen dieser Begriffe verstecken sich Zusammenarbeitsformen für die Planung oder die Ausführung von Bauprojekten. In der Regel fehlen ihnen zwei entscheidende Elemente: die Zusammenarbeit von Auftraggebenden und Auftragnehmenden auf Augenhöhe und das gemeinsame Wertverständnis. Ob es sich um ein IPD-Modell handelt, lässt sich einfach prüfen: Sind alle Beteiligten gleichrangig, haften sie solidarisch und müssen Entscheide gemeinsam gefällt werden, dann handelt es sich um ein IPD-Modell. Im Englischen hat sich ein einfaches Begriffspaar eingebürgert: shared risk – shared reward. Hingegen können einzelne bereits bekannte Systeme oder Modelle Teil eines IPD-Projekts sein, das gilt insbesondere für die Prinzipien und Methoden, die aus Lean Construction bekannt sind, sowie für das Informationsmanagement (BIM). Diese Methoden sind für ein IPD-Projekt sogar unabdingbar und werden als VDC-Elemente zur Umsetzung der Integration genutzt (siehe Seite 106).

Existiert zwischen Auftraggeber und Planenden sowie Ausführenden ein konfrontatives Auftragsverhältnis, handelt es sich nicht um ein IPD-Projekt.

ARGE ≠ IPD
PPM ≠ IPD
ITC ≠ IPD
IPD = IPA
IPD = Project Alliance
VDC = Teil von IPD
Last Planner System = Teil von VDC und damit auch von IPD
BIM = Teil von VDC und damit auch von IPD
ICE = Teil von VDC und damit auch von IPD
Lean Construction = Teil von IPD
BauLOG = Teil von VDC und damit auch von IPD

Lean Construction

Lean Management ist eine kollaborative Managementphilosophie und beinhaltet die effiziente Gestaltung der gesamten Wertschöpfungskette durch das Vermeiden von Verschwendung. Die Ansätze dafür basieren auf Ideen aus der Automobilindustrie. Der japanische Hersteller Toyota führte schon früh Prozesse zur Beseitigung von Verschwendung und zur Erfüllung der Erwartungen der Kunden ein.
Lean Construction bezeichnet einen integralen Ansatz bei Planung und Bau, der immer den gesamten Lebenszyklus eines Gebäudes im Fokus hat. Ziel ist ein möglichst transparenter und stabiler Ablauf des Bauprozesses mithilfe der Lean-Prinzipien (z. B. Pull- statt Push-Prinzip), der die Bedürfnisse der Auftraggeberschaft bestmöglich erfüllt. Um dies zu erreichen, müssen die Prozesse vorausschauend gesteuert, die Ressourcen möglichst effizient und am richtigen Ort eingesetzt und die Kosten optimiert werden. Dies mit dem Ziel, eine Kontinuität und damit einen Fluss in die Tätigkeiten zu bringen. Die Wertschöpfung steht dabei im Mittelpunkt und ist ein wichtiger Teil des Prozesses.

Last Planner System

Dies ist eines der am häufigsten verwendeten Produktionssysteme zur Umsetzung von Lean-Prinzipien auf der Baustelle. Es kann grundsätzlich auf jeden Produktionsprozess angewendet werden – also auch in der Planung, wo Informationen produziert werden. Das System umfasst in erster Linie den Einbezug der Ausführenden der einzelnen Gewerke in die Planung der Ausführung.

PPM – Projekt-Portfolio-Management

PPM bezeichnet die zentrale Verwaltung der Prozesse, Methoden und Technologien, die von Projektmanagern und Projektmanagementbüros eingesetzt werden, um laufende oder geplante Projekte anhand zahlreicher Schlüsselmerkmale zu analysieren und gemeinsam zu verwalten. Die Ziele von PPM bestehen darin, den optimalen Ressourcenmix für die Durchführung zu bestimmen und die Aktivitäten so zu planen, dass die operativen und finanziellen Ziele einer Organisation bestmöglich erreicht werden, während gleichzeitig die von Kunden, strategischen Zielen oder externen Faktoren auferlegten Beschränkungen beachtet werden.

A

Virtual Design and Construction – VDC

VDC basiert auf den Zielen des Kunden für seinen Business Case (warum?), aus denen sich die Projektziele ableiten lassen (was?). Die Umsetzung von VDC basiert auf drei Elementen: Produktionsprozess (PPM), Informationsmanagement (BIM) und integrierte Zusammenarbeit (ICE). Mithilfe dieser drei Elemente sollen die Kunden- und Projektziele erreicht werden. Die Methode wird von Massnahmen und Metriken begleitet, um die Zielerreichung sicherzustellen. Da BIM ein wichtiges Element von VDC ist, wird es irrtümlicherweise oft damit gleichgesetzt. BIM ist aber nur das Informationsmanagement auf der Basis von digitalen Bauwerksmodellen zur Visualisierung und Automatisierung von integrierten Informationen.

Werkgruppe

Die Werkgruppe ist ein Zusammenschluss selbstständiger Unternehmer, die gemeinsam einen von den Planenden ausgeschriebenen Bereich eines Gebäudes offerieren und realisieren. Ein typisches Beispiel ist die Fassade. Hier schliessen sich Stahlbauer, Fassadenbauerin, Fensterbauer, Elektrikerin und Storenlieferant für die Offerte und die Realisation zusammen. Die Werkgruppe hat unter anderem den Vorteil, dass die beteiligten Unternehmer gemeinsam Ideen für eine ökonomische Lösung entwickeln, die Schnittstellen und die Bauabläufe miteinander koordinieren und Hand in Hand zusammenarbeiten. Das reduziert den Aufwand für die Planenden und ermöglicht eine hohe Ausführungsqualität zu einem guten Preis.

Arbeitsgemeinschaft – ARGE

Eine ARGE ist ein projektbezogener Zusammenschluss mehrerer rechtlich und wirtschaftlich unabhängiger Firmen. Möglich sind sowohl horizontale wie auch vertikale Arbeitsgemeinschaften. Bei einer horizontalen ARGE schliessen sich Unternehmen aus demselben Bereich (z. B. Baufirmen) zusammen, bei der vertikalen gehören die Firmen zu unterschiedlichen Branchen. Rein juristisch gesehen handelt es sich bei einer ARGE um eine einfache Gesellschaft.

Projektgesellschaft

Als Projektgesellschaft wird ein rechtlich und organisatorisch selbstständiges Unternehmen bezeichnet, das spezifisch für die Umsetzung eines Projekts gegründet wurde. Häufig greifen grosse Unternehmen zu dieser Form, wenn sie ein komplexes, über lange Zeit laufendes Projekt losgelöst vom Mutterhaus oder mit externen Partnern umsetzen wollen. Die rechtliche Form der Projektgesellschaft kann frei gewählt werden.

Interdisziplinäre Themencluster (ITC)

Der Begriff ITC umschreibt die interdisziplinäre Zusammenarbeit und wird meist im Zusammenhang mit Forschungsprojekten an Hochschulen verwendet. Dabei befassen sich Forschende aus ganz unterschiedlichen Disziplinen, die sonst nicht unbedingt zusammenarbeiten würden, gemeinsam mit einem Thema, um nach neuen Lösungen zu suchen.

Von der Bohrplattform auf die Baustelle – der Ursprung von IPD

Die Geschichte des heutigen IPD hat mehrere Ursprünge und reicht zurück in die 1990er-Jahre. Damals stand das Öl- und Gasunternehmen British Petrol (BP) vor der Herausforderung, Unternehmen für die Erschliessung neuer Bohrfelder zu finden. Wie bis anhin wurden die Aufträge dafür ausgeschrieben, doch die Bewerber reichten entweder gar keine Offerte ein oder forderten unrealistisch hohe Preise. Grund waren die komplexen Voraussetzungen, etwa bezüglich der Geologie. BP entschied sich deshalb zu einem neuen Vorgehen – der Project Alliance. Diese entspricht in den Grundzügen dem heutigen IPD in der Bauwirtschaft. Die neue Art der Zusammenarbeit bewährte sich und wird bis heute in der Öl- und Gasindustrie angewendet. Später übernahmen Bauträger in den USA und in Australien die Idee von BP und entwickelten sie weiter. Grund für den Umstieg waren vor allem dauernde Streitigkeiten zwischen Auftraggebern und Auftragnehmern. Von den USA und Australien fand IPD schliesslich auch den Weg nach Europa.

Ein weiterer Meilenstein auf dem Weg zum heutigen IPD war Ende der 1990er-Jahre die Schaffung der ersten Last-Planner-Software durch Strategic Project Solutions in Houston (USA) unter der Leitung von Todd R. Zabelle. Sie bildete den Ausgangspunkt für die Implementierung von Lean-Prozessen in der Bauindustrie, die heute ein wichtiger Baustein von IPD sind. Strategic Project Solutions gründete 2013 wiederum das Project Production Institute in San Francisco, das sich bis heute für die breite Einführung neuer, industriell geprägter Produktionsabläufe im Baubereich einsetzt.

Lean Construction war der Auftakt

IPD ist die logische Weiterentwicklung des Lean-Ansatzes für die Entwicklung, Planung und Realisierung von Gebäuden. Das Pull-Prinzip, der transparente und stabile Bauprozess sowie die bestmögliche Erfüllung der Wünsche der Bestellenden sind auch Kernelemente des IPD-Modells. Lean Construction ist deshalb ein wichtiger Bestandteil von IPD.

Der Aha-Moment – Geschichte eines Kulturwandels

IPD ist nicht nur eine Form der Zusammenarbeit, die wir Planungs- und Bauleute den Ölbohrspezialisten abgeschaut haben, sondern auch die Geschichte eines Kulturwandels. So richtig klar wurde mir dies in den frühen 2000er-Jahren, als ich das erste Mal Einblick in ein IPD-Projekt erhielt. Damals stand ich als Teil des Teams eines US-amerikanischen General Contractors irgendwo in den USA auf der grünen Wiese. Innert weniger Monate sollte hier ein neues Spital hochgezogen werden. An dieser Startsitzung auf dem künftigen Baugelände waren nicht nur wir vom Team für die Planung und die Ausführung sowie die Auftraggeberschaft dabei, sondern auch der künftige Betreiber, dazu Vertreter der Baubehörden. Zusammen klärten wir alle wichtigen Punkte des Projekts. Für mich als junge Architektin aus der Schweiz ein Aha-Moment, hatte ich es doch bisher noch nie erlebt, dass in einer so frühen Phase auch der Betreiber und die Baubehörde bereits aktiv mit im Boot waren. Das Erlebnis ist mir bis heute in Erinnerung geblieben, es hat mir, Jahrzehnte bevor IPD in Mitteleuropa zum Thema wurde, gezeigt, dass sich Bauprojekte kollaborativ einfacher, schneller und besser realisieren lassen. Nur dank der frühen und engen Zusammenarbeit konnte damals eine für alle optimale Lösung gefunden werden. Hätte man das Projekt klassisch aufgegleist, stünde das Spital wohl noch heute nicht.

Birgitta Schock, dipl. Architektin ETH/SIA/SWB, Mitinhaberin von Schockguyan Architekten GmbH, Zürich

Auftraggeber

Lassen Sie sich nicht täuschen!

Da IPD im Kommen ist, haben verschiedene General- und Totalunternehmer den Begriff auch als Akquisitionsinstrument entdeckt. Die Realität zeigt dann aber, dass spätestens für die konkrete Umsetzung ein klassischer Werkvertrag abgeschlossen wird – mit den üblichen Problemen. Achten Sie deshalb genau darauf, was Ihnen unter dem Label IPD angeboten wird: Handelt es sich wirklich um ein partnerschaftliches Modell vom Anfang bis zum Ende oder soll irgendwann statt eines Mehrparteienvertrags doch noch ein konfrontativer Vertrag abgeschlossen werden?

IPD im internationalen Vergleich

Sowohl in der Schweiz als auch in Österreich und Deutschland werden erst zögerliche Schritte zur Realisierung von IPD-Projekten gemacht. Andernorts hat sich das Modell bereits als alternativer Weg für die Planung und die Ausführung von Bauprojekten etabliert. So etwa in den USA und in Australien, aber auch in Grossbritannien oder in den skandinavischen Staaten. Finnland beispielsweise wendet das Modell vor allem bei grossen Infrastrukturprojekten an, in Norwegen hat es sich beim Bau von Spitälern, aber auch von grösseren öffentlichen Infrastrukturprojekten bewährt, wo es zum Teil sogar vorgeschrieben ist. Einzelne realisierte Beispiele aus verschiedenen Ländern finden sich über das ganze Buch verteilt (siehe Seite 28, 70, 112, 131 und 161).

Vorurteile und Missverständnisse

Wie andere neue Methoden ist auch IPD mit Vorurteilen und Mythen behaftet. Eine Auswahl:

Vorurteil: IPD-Projekte brauchen mehr Zeit.
Realität: IPD-Projekte brauchen für die Planung und die Realisierung in der Regel nicht mehr Zeit als solche in klassischer Manier. Zwar dauert die Startphase, in der das IPD-Team gebildet und der Business Case erarbeitet wird, länger. Die eigentliche Planung und die Ausführung laufen hingegen meist schneller ab, da viele Entscheide vorgängig gefällt wurden und Leerläufe weitgehend entfallen.

Vorurteil: IPD-Projekte sind teurer.
Realität: Auswertungen von Projekten in den USA zeigen klar, dass IPD-Projekte nicht teurer sind. Es gibt zwar keine gross angelegten Ausschreibungen für jedes Gewerk und auch keine Abgebotsrunden. Vielmehr zeigen alle Beteiligten auf, welchen Aufwand sie haben und wie viel dieser kostet, und werden entsprechend entschädigt. Durch die enge Zusammenarbeit lassen sich aber neue und oft einfachere Lösungen finden, dank derer eine kostengünstigere Ausführung möglich ist oder unnötige Planungsschritte

entfallen. IPD-Projekte kosten deshalb nicht mehr, sondern oft sogar weniger als klassisch realisierte und punkten ausserdem bei der Einhaltung von Terminen und Qualität.

Missverständnis: IPD ist eine Technologie.
Realität: IPD ist eine Form, ein Projekt kollaborativ und mit der unter allen Partnern geteilten Verantwortung umzusetzen. Bei der Planung und der Umsetzung kommen aber fortschrittliche Methoden und Technologien zum Einsatz – beispielsweise VDC, Lean Construction und BIM – sowie oft auch die Vorfertigung von Bauteilen.

Missverständnis: IPD löst auftraggeberseitig alle Probleme.
Realität: Typische Probleme auf Auftraggeberseite, etwa Entscheidungskaskaden, zu geringe Kompetenzen oder eine unklare Bestellung, können mit IPD nicht oder höchstens teilweise beseitigt werden. IPD ist deshalb kein Allerheilmittel und setzt voraus, dass alle Beteiligten – inklusive Auftraggeberschaft – ihre Hausaufgaben machen.

Missverständnis: IPD eignet sich nur für grosse und komplexe Projekte.
Realität: Die Denkweise von IPD lässt sich unabhängig von der Projektgrösse umsetzen. Selbst kleinere Bauaufgaben können integriert angepackt werden (siehe auch Beispiele Seite 28 und Seite 112). Kleine Projekte haben zudem den Vorteil, dass die Aufgabe übersichtlich ist und sich alle Beteiligten rasch vor Ort zusammensetzen und eine Lösung entwickeln können.

A

«In den integrierten Projektabwicklungsmodellen IPD und Design–Build sind die ausführenden Unternehmer im BIM (mit-)verantwortlich für das Engineering des digitalen Zwillings – nur dadurch wird Kreislaufwirtschaft möglich.»

Markus Mettler, CEO Halter AG, Schlieren (CH)

war

um?

B

Zusammenarbeit, Mehrwert, Anreize

HÖVELMANN
DOLL

B.1 Heraus aus der Sackgasse

[Summary]

Die Branche befindet sich in einer Sackgasse. Das heutige Modell der Abwicklung von Planungs- und Bauprozessen führt zu hohen Friktionen, zu Leerläufen und zu einem Preiskampf. Ausserdem bleibt die Innovation aufgrund der ungeeigneten Rahmenbedingungen oft auf der Strecke. Das betrifft nicht nur Planende und Ausführende, sondern auch die Auftraggeberinnen und Auftraggeber. Klar ist deshalb: Das Modell Design–Bid–Build hat ebenso wie die zugehörigen Phasenmodelle ausgedient. Die Zukunft gehört kollaborativen Ansätzen, etwa Design–Build.

Sackgasse Design–Bid–Build

Die häufige Thematisierung von Methoden und Instrumenten wie BIM oder Lean Construction können nicht darüber hinwegtäuschen: Die Zusammenarbeit zwischen Planenden und Auftraggeberschaft, die Ausarbeitung eines Projekts und die Vergabe der Aufträge an die einzelnen Unternehmen läuft immer noch wie vor 50 Jahren im klassischen Phasenmodell ab: Die Auftraggeberschaft definiert den Auftrag und wählt ein Planerteam. Dieses schlägt eine Lösung vor, die mehrfach überarbeitet wird, und zeichnet anschliessend Pläne für die Ausführung. Danach werden die Arbeiten ausgeschrieben und vergeben – meist nach einigen Preisrunden mit entsprechenden Abschlägen, um den von der Auftraggeberschaft geforderten Kostenrahmen einzuhalten. Nach der Vergabe folgt eine weitere Überarbeitungsrunde, um alles anzupassen, was nicht genau definiert war oder vom Unternehmer anders ausgeführt wird, als von den Planern vorgesehen. Dabei stehen die Beteiligten immer in einem ökonomischen Interessengegensatz zueinander.

Design–Bid–Build nennt sich dieser Prozess, der wenig Innovation bringt und stark über den Preis gesteuert wird – mit Folgen für alle Beteiligten: Genügen die Honorare für die Planenden nicht, sinkt ihre Leistungsbereitschaft und das Risiko von Fehlern steigt. Zudem werden Mitarbeitende unnötig verschlissen und die Jobs in der Branche werden zunehmend unattraktiver. Gleiches gilt für die ausführenden Firmen: Um den Auftrag zu erhalten, budgetieren sie knapp. Läuft es dann bei der Ausführung nicht rund, geraten sie schnell ins Minus und liefern unter Umständen ungenügende Qualität. Ausserdem geht die Rechnung auch für die Auftraggeberschaft nicht immer auf, selbst wenn das Budget eingehalten wurde: Planungsfehler und die Behebung von Mängeln stören noch über lange Zeit den Betrieb, und der eigene Aufwand, um sich damit herumzuschlagen, ist hoch.

Design–Bid–Build hat aber nicht nur Folgen für die Beteiligten, sondern lässt auch viel Potenzial brachliegen: So ist die Erfahrung der Ausführenden in der Regel nicht gefragt. Sie realisieren ihre Arbeit gemäss den Vorgaben der Planung, auch wenn sie vielleicht eine bessere, einfachere und erst noch kostengünstigere Lösung gehabt hätten.

Probleme der klassischen Abwicklung von Bauprojekten

- Gute Ideen werden zurückgehalten.
- Bilaterale Verträge verhindern Kollaboration und Innovation.
- Aus den Verträgen lässt sich keine Koordination ableiten.
- Die Verträge führen nur zu lokalen Optimierungen und nicht zu einer gesamtheitlichen Verbesserung.

Quelle: Matthews and Howell, Lean Construction Journal, 2005

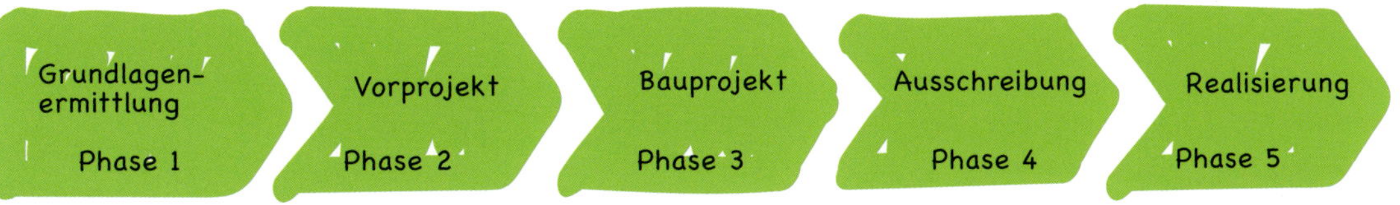

Grafik 13
Typische Phasen bei der klassischen Abwicklung eines Bauprojekts.

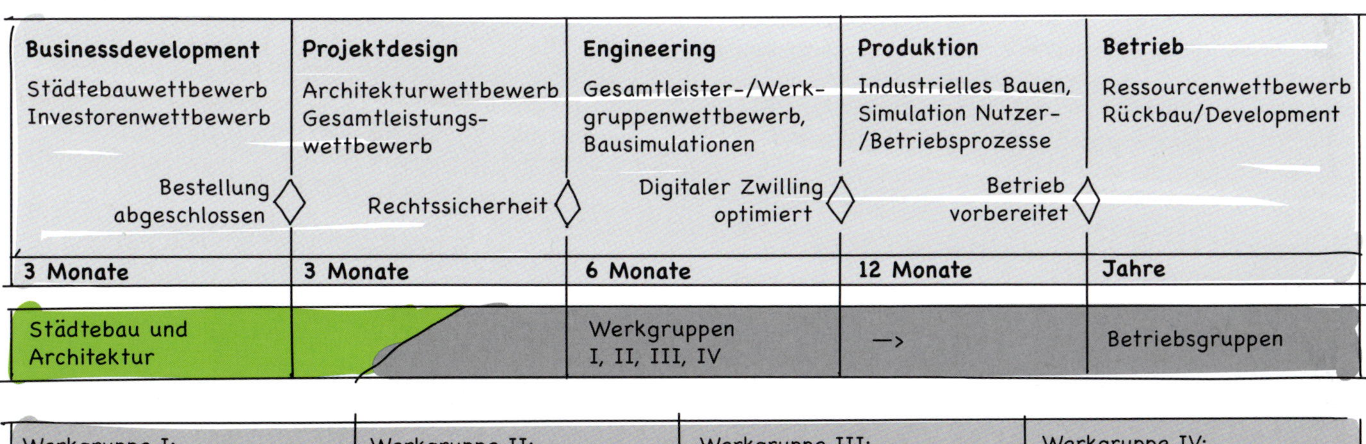

Grafik 14
Neues, auf Design–Build basierendes Phasenmodell als Alternative zu den SIA-Phasen.
Quelle mit detaillierterer Variante der Grafik: www.thebranch.ch

Fragmentiert versus integriert

Das Abwicklungsmodell Design–Bid–Build ist stark fragmentiert. Planung und Ausführung werden zu unterschiedlichen Zeitpunkten und unabhängig voneinander vergeben. Das mag aus dem Blickwinkel eines Preiswettbewerbs für die Ausführungsphase Sinn machen, bringt aber gewichtige Nachteile mit sich: So ist es nicht möglich, Planenden und Ausführenden gemeinsame Ziele zu setzen oder finanzielle Anreize zu schaffen, die miteinander erreicht werden müssen. Dadurch besteht die Gefahr, dass Planende und Ausführende zuerst für sich selber schauen und erst dann für die Projektziele. Verstärkt wird dies durch Verträge, in denen die Arbeit des Einzelnen klar von derjenigen der anderen Beteiligten abgegrenzt wird. Entsprechend kümmern sich alle Vertragspartner in erster Linie um die eigenen Risiken statt um innovative Lösungsansätze oder die Schaffung eines Mehrwerts für alle Projektbeteiligten. Die Folge: Der Aufwand für jeden Einzelnen steigt und damit auch das Risiko von zusätzlichen finanziellen Forderungen gegenüber dem Auftraggeber.

Kommt dazu ein Preisdruck bei der Vergabe, beziehen die Auftragnehmenden spätere Nachtragsforderungen bereits in ihre Kalkulation mit ein. Vor allem bei der pauschalen Vergabe von Leistungen oder Arbeiten findet sich dieses Vorgehen oft. Es führt wiederum dazu, dass die Auftraggebenden sich mit harten Vertragsklauseln präventiv dagegen zur Wehr setzen.

Die integrierte Projektabwicklung – wie sie das Design–Build- oder das IPD-Modell verfolgen – bietet in dieser Situation einen Ausweg, und immer mehr Auftraggebende bekunden Interesse daran. Hier stehen nicht die Interessen des Einzelnen im Vordergrund, sondern ein Projekt, das die Wünsche des Kunden optimal erfüllt.

Das klappt aber nur, wenn alle relevanten Beteiligten möglichst früh ins Projekt involviert sind, wenn sie die übergeordneten Projektziele in den Vordergrund stellen und auch belohnt werden, wenn sie diese erreichen. Ein wichtiges Element dazu ist die parallele Vergabe aller wichtigen Planer- und Unternehmerleistungen zum gleichen Zeitpunkt.

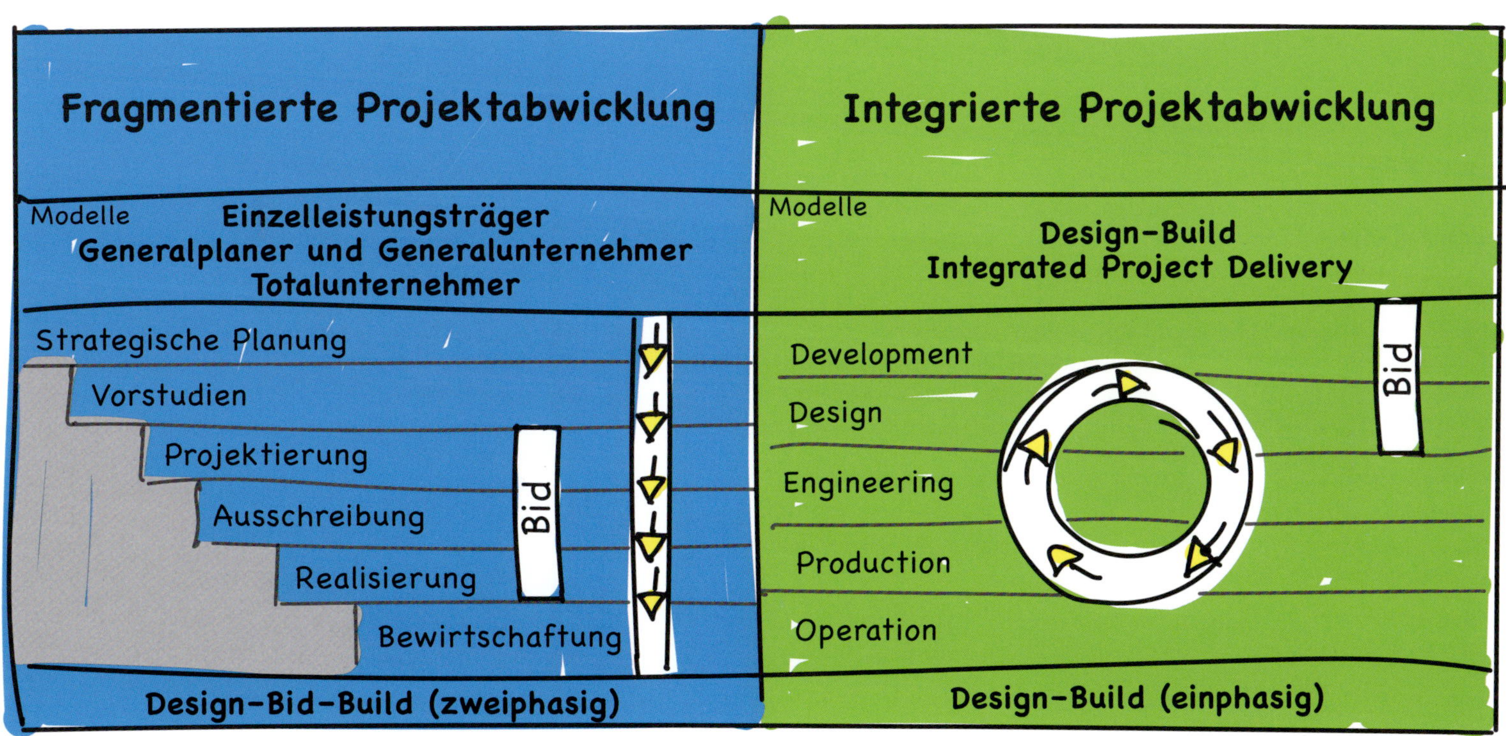

Grafik 15
Klassische Projektabwicklung (Design-Bid-Build) versus integrierte Abwicklung (Design-Build).

Klassische Phasenmodelle entsprechen nicht mehr den heutigen Anforderungen an die Planung und Ausführung.

Unflexible Phasenmodelle sind out

Das Prinzip von Design–Bid–Build ist geprägt vom klassischen Phasenmodell für die Abwicklung von Bauprojekten und von den darauf basierenden Normen und Regelwerken. Entsprechend gross ist bis heute die Wirkung, denn die Beauftragung und die Bezahlung der Planenden basieren meist immer noch darauf. Trotzdem gilt die heutige Phasenunterteilung schon länger als Auslaufmodell und wurde von der Realität teilweise überholt. Nicht weil das Phasenmodell völlig untauglich wäre, sondern weil es von allen Beteiligten viel zu starr gehandhabt wird. Die einzelnen Schritte laufen heute nicht mehr linear hintereinander ab, sondern überlagern sich oft. Das starre Beharren auf den Phasen und insbesondere auf der Honorierung der Planenden gemäss dieser Unterteilung sowie der viel zu späte Einbezug der Ausführenden sind nicht mehr zeitgemäss. Ebenso stehen starre Modelle im Widerspruch zu modernen Planungs- und Umsetzungstools wie BIM oder Lean Construction.

Abhilfe schaffen deshalb nur Phasenmodelle, die einen hohen Grad an Flexibilität aufweisen und kompatibel mit modernen Formen der Planung sowie der Baurealisation sind.

Das Honorarmodell ist out

Nicht nur das Prinzip Design–Bid–Build hat ausgedient, sondern auch die Honorierung der Planenden in Abhängigkeit von der Bausumme, die noch häufig zu finden ist. Diese verhindert innovative Planungslösungen und bestraft unter Umständen diejenigen Planer, die sich stärker für eine kos-

Zufriedenheit – machen Sie den Test!

Nutzer: Wann hat bei der Inbetriebnahme alles gestimmt?
Überlegen Sie, wann das letzte Mal ein Neubau in Ihrem Portfolio wirklich termingerecht betriebsbereit war, alles von Beginn an zu Ihrer Zufriedenheit funktioniert hat und keine grösseren Mängel vorhanden waren?

Auftraggeber: Wann hatten Sie Freude am Resultat?
Wenn Sie in den letzten Jahren als Auftraggeber oder Auftraggeberin öfters Projekte realisiert haben, lohnt sich ein Blick zurück: Wann waren Sie mit dem Resultat rundum zufrieden? Welches waren die wichtigsten Punkte für Ihre Zufriedenheit? Wo lagen die Unterschiede zu anderen Projekten?

Planende: Wann lief alles rund?
Schauen Sie zurück auf die letzten grösseren Projekte, an denen Sie beteiligt waren: Bei welchem hat Ihnen die Arbeit richtig Spass gemacht? Was hat massgeblich dazu beigetragen?

Ausführende: Wann ist die Rechnung aufgegangen?
Prüfen Sie die letzten Projekte, bei denen Ihr Unternehmen Arbeiten ausgeführt hat, kritisch: Bei welchem lief alles rund und ging am Schluss die Rechnung auf? Warum hat dort alles geklappt?

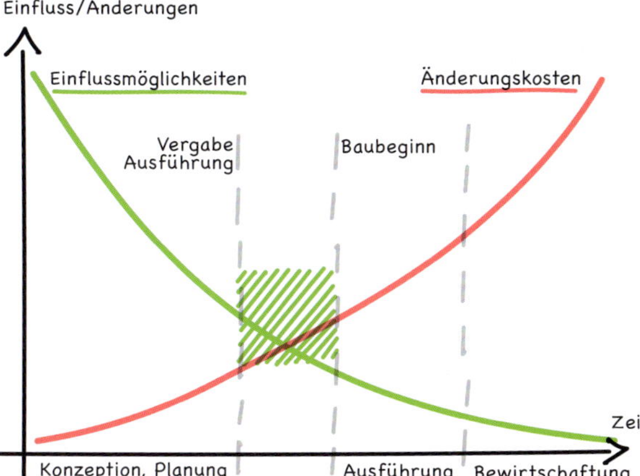

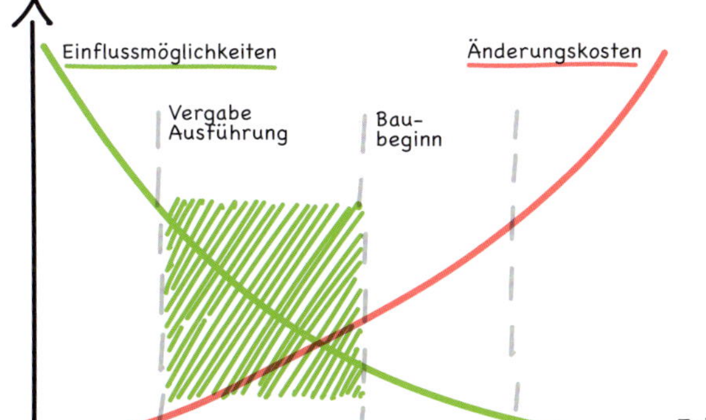

Grafik 16
Beeinflussbarkeit der Baukosten in Abhängigkeit vom Zeitablauf bei der klassischen Planung (oben) und bei integrierten Modellen (unten).

tengünstige Realisierung eines Projekts engagieren. Auch hier braucht es deshalb neue Modelle der Honorierung, etwa mit einem Leistungskatalog oder basierend auf bereits ausgeführten, vergleichbaren Objekten.

Vorbild Werkgruppe

Die Unternehmen der Bauwirtschaft liefern hierzulande dank guter Aus- und Weiterbildung immer noch eine hohe Qualität. Viele innovative Betriebe führen nicht nur einfach Auftragsarbeiten aus, sondern entwickeln auch neue Arbeitsabläufe und Technologien für die Umsetzung. Dieser Wissenspool wird in der Bauwirtschaft aufgrund der späten Vergabe an die Ausführenden heute trotzdem kaum angezapft; die Handwerker führen nur die von den Planenden erdachten Details und Abläufe aus. Dabei bleibt auch das Hand-in-Hand-Arbeiten über verschiedene Gewerke hinweg auf der Strecke. Ein bewährter, aber selten genutzter Ansatz, um dieses Schema zu durchbrechen, ist die Vergabe der Ausführung von Bauteilen an Werkgruppen. Dabei definieren die Planenden nur die technischen und optischen Anforderungen an ein Bauteil, etwa an eine Fassade, und überlassen die Detailplanung sowie die Ausführung der Werkgruppe. In dieser entwickeln Unternehmen aus verschiedenen Arbeitsgattungen zusammen die Detaillösungen sowie die Arbeitsabläufe und führen die Arbeiten anschliessend auch selber aus. Bei einer Fassade umfasst die Werkgruppe zum Beispiel Fassadenbauerinnen, Storenbauer, Elektrikerinnen und Fensterbauer.

Vorbild: Bauen nach SMART

Bereits 1998 propagierten der Schweizerische Ingenieur- und Architektenverein (SIA) und der Schweizerische Baumeisterverband (SBV) mit dem Buch «Bauen nach SMART» eine neue Form der Zusammenarbeit aller am Bau- und Planungsprozess Beteiligten. Planung und Ausschreibung sollten gemäss der Prämisse «spezifisch, machbar, ausführbar, resultatorientiert, termingebunden» – kurz SMART – sein, ohne dabei die damals noch neuen Regeln gemäss GATT/WTO zu verletzen. Ziel war es, die einst vorhandene, aber verloren gegangene Bauphilosophie, dass alle Hand in Hand arbeiten, wieder zu reaktivieren. Viele der im Buch aufgezeigten Ansätze und Wege decken sich mit denjenigen von IPD. Die Zeit war damals für ein neues Modell aber noch nicht reif, und so verschwanden die Ideen wieder in der Schublade.

Isolation versus Kollaboration

Zusammen geht es besser als allein – schon in der Primarschule lernen Kinder, in Gruppen Aufgaben zu lösen und vom Wissen jedes Einzelnen zugunsten des gemeinsamen Projektziels zu profitieren. Und auch später in der Aus- und Weiterbildung sind Gruppenarbeiten die Regel. Nicht jedoch im Alltag der Planungs- und Bauwirtschaft. Hier ist das Silodenken immer noch ausgeprägt und wird durch die bestehenden Strukturen aufrechterhalten. Dabei würden Formen der integrierten Zusammenarbeit dieselben Vorteile bringen wie schon bei der Gruppenarbeit in der Primarschule.

Vorteile kollaborativer Zusammenarbeitsmodelle

- Bündelung des Wissens aller Beteiligten
- Reduktion von Leerläufen
- Nährboden für Innovationen
- Gegenseitiges Verständnis
- Fokussierung auf Projektziele
- Höhere Attraktivität der Unternehmen für Mitarbeitende
- Moderne Kultur der Zusammenarbeit
- Arbeit mit gemeinsamen Werten
- Förderung der Sozialkompetenz

Mechanismen bei der Planung und Umsetzung von Bauprojekten – klassisch versus IPD

Klassische Projektabwicklung	→←	**Kollaborative Projektabwicklung (IPD)**
Late contractor involvement	→←	Early contractor involvement
Design–Bid–Build	→←	Design–Build
Wenig oder gar keine Verbesserungen	→←	Kontinuierliche Verbesserungen
Jeder für sich	→←	Gemeinsam, zielorientiert
Absicherung: Contract first	→←	Verständigung: Agreement first
Schuldzuweisungen	→←	Lösungsorientiert
Push	→←	Pull
Hierarchie	→←	Holakratie*

* Holakratie (siehe Grafik 17) ist eine Organisationsform, bei der alle Arbeit dem Sinn und Zweck der Organisation dient, in der Verantwortlichkeiten explizit geregelt sind und bei der die Entscheidungs- und Handlungsbefugnisse auf alle Organisationsmitglieder aufgeteilt sind. Die Arbeit wird in Rollen organisiert, die in eine Kreisstruktur eingebettet sind. Diese Struktur ist nicht starr, sondern wird durch die Bearbeitung von Spannungen ständig evolutionär weiterentwickelt. Holakratie hat zwei Zustände: die Arbeit an der Firma oder die Arbeit am Projekt. Beides ist genau gleich wichtig.

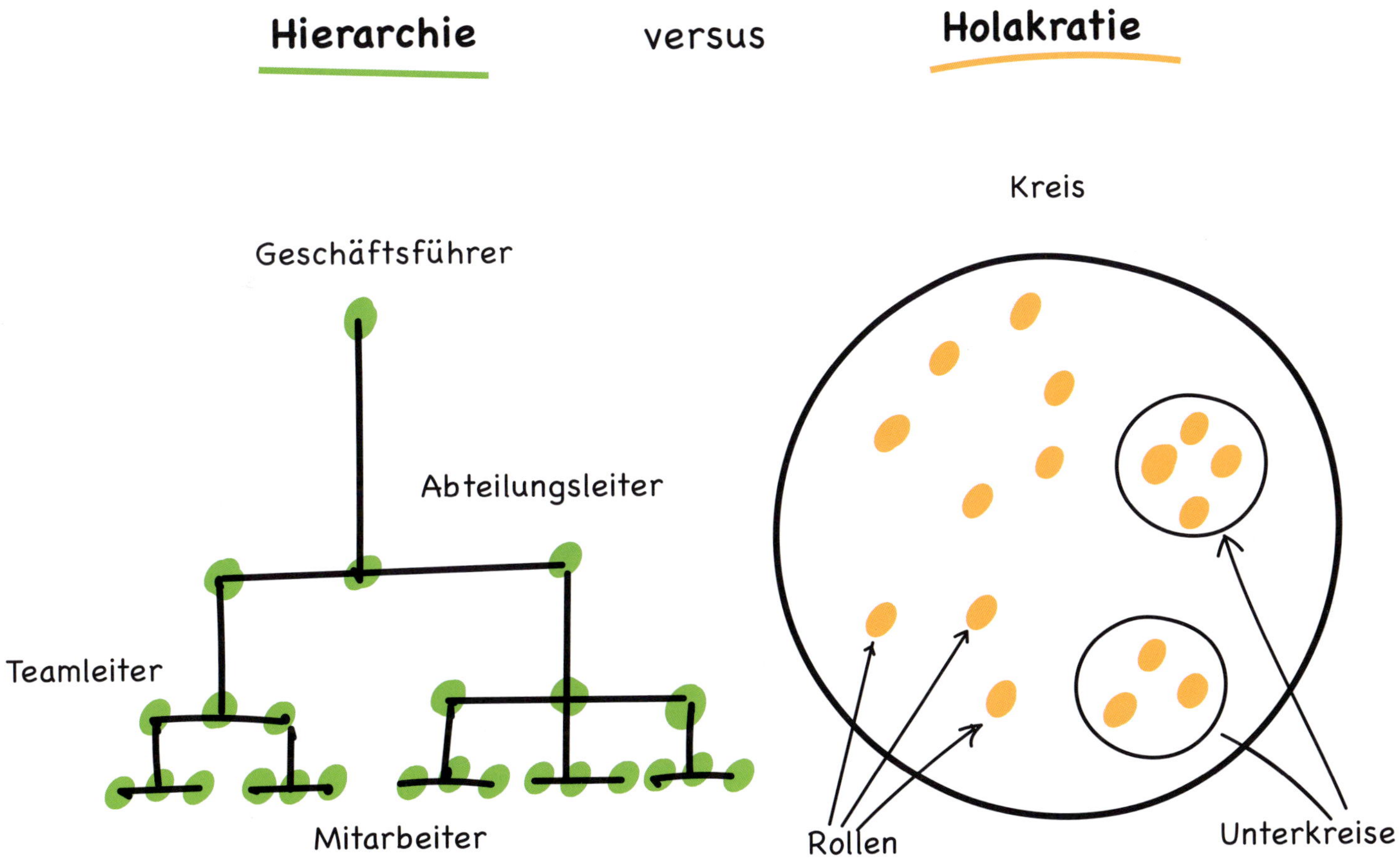

Grafik 17
Hierarchie versus Holakratie.

B.2 IPD schafft Mehrwerte

[Summary]

Wieso soll ich als Auftraggeber, Planerin, Ausführender oder künftige Nutzerin einer Immobilie den sicheren Hafen verlassen und mich auf ein IPD-Modell einlassen? Die Antwort ist einfach: IPD ist gegenüber den klassischen Modellen für alle Stakeholder mit Vorteilen verbunden. Sei es, weil Leerläufe reduziert werden, der Business Case funktioniert, die Kosten, die Termine und die Qualität stimmen, das Gebäude die gewünschte Performance bringt oder weil der Umgang miteinander fair ist. Ausserdem macht die Kollaboration Spass und die Bezahlung ist fair – im besten Fall liegt sogar ein Bonus drin.

Mehrwert für alle

IPD bringt allen Beteiligten Mehrwerte auf verschiedensten Ebenen. Diese gestalten sich für Auftraggeberschaft, Planende, Ausführende und Nutzende zum Teil unterschiedlich – eine Übersicht:

IPD – Mehrwerte für die Auftraggeberschaft

- Der kollaborative Ansatz verhindert das Verschanzen hinter Vertragsparagrafen.
- Die Wahrscheinlichkeit, dass der Business Case (Projekt) am Schluss funktioniert und die gewünschte Performance bringt, ist höher.
- Relevante Entscheide werden früh gefällt, entsprechend gross ist die Kostensicherheit von Beginn an.
- Die Projektsicherheit ist grundsätzlich hoch.
- Alle Prozesse laufen transparent ab, alle Beteiligten legen ihre Kostenstruktur offen.
- Die Zusammenarbeit ist partnerschaftlich.
- Probleme werden offengelegt, Lösungen gemeinsam gesucht.
- Das gebündelte Wissen ermöglicht innovative Ansätze – dadurch besteht die Möglichkeit, die Baukosten zu senken.

IPD – Mehrwerte für die Planenden

- Die Sicherheit, dass ein Projekt schliesslich umgesetzt wird, ist höher, weil alle Stakeholder ein grosses Interesse an der Umsetzung haben.
- Die Zahl der Leerläufe wird minimiert.
- Das Silodenken und damit verbunden die Schuldzuweisungen bei Problemen entfallen.
- Sämtliche Prozesse laufen transparent ab, alle Beteiligten legen ihre Kostenstruktur offen.
- Die Bezahlung ist fair und basiert auf dem tatsächlichen Aufwand.
- Bei erfolgreicher Umsetzung des Projekts und Erreichung der Ziele winkt ein Bonus.
- Die Zusammenarbeit ist partnerschaftlich.
- Probleme werden offengelegt, Lösungen gemeinsam gesucht.
- Bewährt sich die Zusammenarbeit, besteht die Möglichkeit, auch bei weiteren Projekten in derselben oder einer ähnlichen Konstellation dabei zu sein.

IPD – Mehrwerte für die Ausführenden

- Dank dem frühen Einbezug kann das eigene Know-how eingebracht und Probleme bei der Ausführung können reduziert werden.
- Die Zahl der Leerläufe wird minimiert.
- Das Silodenken und damit verbunden die Schuldzuweisungen bei Problemen entfallen.
- Sämtliche Prozesse laufen transparent ab, alle Beteiligten legen ihre Kostenstruktur offen.
- Die Bezahlung ist fair und basiert auf dem tatsächlich nötigen zeitlichen und materiellen Aufwand.
- Bei erfolgreicher Umsetzung des Projekts und Erreichung der Ziele winkt ein Bonus.
- Die Zusammenarbeit ist partnerschaftlich und nicht von Misstrauen geprägt.
- Probleme werden offengelegt, Lösungen gemeinsam gesucht.
- Bewährt sich die Zusammenarbeit, besteht die Möglichkeit, auch bei weiteren Projekten in derselben oder einer ähnlichen Konstellation dabei zu sein.

IPD – Mehrwerte für Betrieb und Nutzende

- Wünsche und Anforderungen für den späteren Betrieb können bereits ganz zu Beginn eingebracht werden.
- Bei Projekten mit sehr langer Planungs- und Realisierungszeit können sich ändernde Wünsche und Anforderungen für den Betrieb einfacher umgesetzt werden.
- Die Sicherheit ist hoch, dass das Gebäude den Anforderungen genügt und die gewünschte Performance bringt.
- Eine pünktliche Übergabe ist gewährleistet.
- Der Betrieb kann sofort und ohne Einschränkungen aufgrund nicht fertiggestellter Infrastruktur aufgenommen werden.
- Die Nutzenden können den Betrieb vorab simulieren und die Erkenntnisse daraus in das Projekt sowie dessen Umsetzung einfliessen lassen.

Change
Interessanter erster Eindruck!
TEAM
Zusammenhalt
Tätigkeit / activity
neue

B.3 Die Risiken und das Kleingedruckte

[Summary]

Wer Neuland betritt, geht auch Risiken ein. Dessen sind sich wohl viele Auftraggeberinnen, Planer, Unternehmerinnen und Nutzer bewusst, wenn sie sich erstmals überlegen, Teil eines IPD-Projekts zu werden. Mögliche Folgen dieser Risiken können für den Fortbestand des eigenen Unternehmens wie auch für den Projekterfolg entscheidend sein. Deshalb ist es sinnvoll, vorgängig die relevanten Risiken zu evaluieren, zu bewerten und wenn möglich zu minimieren. Ebenso sollte man sich mit allfälligen Nachteilen des IPD-Modells für sich und die eigene Firma auseinandersetzen.

Risiken vorgängig abwägen

Die Beteiligung an einem IPD-Projekt hält für die Stakeholder neben zahlreichen Mehrwerten auch einige Risiken bereit. Dazu zählen beispielsweise:

- Die gewohnte Sicherheit klassischer, bilateraler Verträge entfällt.
- Man kann sich nicht mehr hinter Verträgen verstecken.
- Die neue Form der Zusammenarbeit kann zu Konflikten führen.
- Ein Misserfolg des Projekts – etwa eine Kostenüberschreitung – geht zulasten aller Stakeholder.
- Der eigene Erfolg ist stärker als bei klassischen Projekten von der Arbeit der anderen Beteiligten abhängig.
- IPD-Projekte können ebenfalls scheitern – mit entsprechenden Folgen (z. B. finanzielle Verluste oder zeitliche Verzögerungen).
- Die Organisation des eigenen Unternehmens muss fast immer angepasst werden, was Konflikte auslösen kann.
- Es braucht ein Changemanagement hin zu einer agil denkenden und handelnden Organisation – das ist kein einfacher Prozess.

Risiken bewerten

Um die Risiken eines IPD-Projekts für sich und das eigene Unternehmen abzuschätzen, lohnt es sich, eine strukturierte Analyse durchzuführen. Dazu kann man mit einer klassischen Risikomatrix arbeiten. Diese visualisiert die zu erwartenden Risiken in einem Diagramm und zeigt auf einen Blick, welche davon gravierend sind und näher angeschaut werden müssen. Die Matrix umfasst einerseits fünf Stufen für die Eintrittswahrscheinlichkeit und andererseits fünf Stufen für das Schadensausmass. Das Vorgehen im Detail:

1. Risiken eruieren.
2. Jedes Risiko bezüglich Eintrittswahrscheinlichkeit und Schadenspotenzial bewerten.
3. Risiken anhand der ermittelten Werte in die Matrix eintragen.
4. Triage nach Risiken, die keine Massnahmen nötig machen (grün), Risiken, die möglichst reduziert werden sollen (gelb), und Risiken, die nicht vertretbar sind (rot).

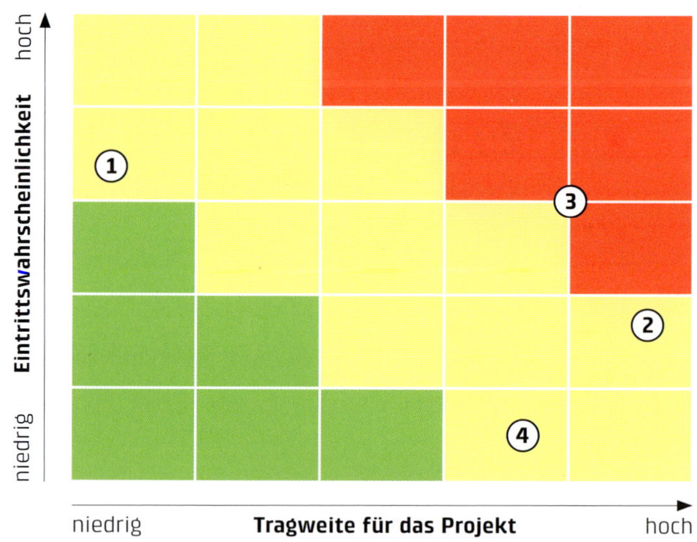

Grafik 18
Beispiel einer einfachen Risikomatrix.

Best Practice

Machen Sie Ihr Bauchgrimmen transparent

IPD erfordert volle Transparenz von allen Beteiligten. Das gilt auch für Ihre eigene Risikoanalyse. Denn die Risiken des Einzelnen können zum Risiko für das Projekt und alle Beteiligten werden. Zeigen Sie deshalb Ihre Risikoanalyse den anderen potenziellen Stakeholdern und diskutieren Sie die einzelnen Punkte miteinander. Einerseits wissen so alle Beteiligten, was jedem Bauchgrimmen verursacht, andererseits können Risiken durch die gemeinsame Betrachtung auch an Gewicht verlieren.

Befinden sich zu viele Risiken im roten Bereich und besteht keine Möglichkeit, sie so zu beeinflussen, dass sie in den gelben Bereich verschoben werden können, sollte man die Mitarbeit am IPD-Projekt kritisch hinterfragen.

Risikoabsicherung: IPD versus klassische Lösung

Im Vergleich zur klassischen Projektabwicklung bietet IPD auf der Vertragsseite nur wenig Absicherung. Der üblicherweise abgeschlossene Mehrparteienvertrag (siehe Seite 121) stellt einzig die Erbringung einer minimalen Leistung sicher. Bei IPD sind alle Beteiligten gemeinsam für das ganze Projekt verantwortlich, niemand kann die Schuld auf andere abschieben oder sich hinter Vertragsklauseln verstecken. Umgekehrt bietet IPD den Stakeholdern aber auch eine Absicherung, die es bei der klassischen Projektabwicklung nicht gibt: Einerseits entsteht durch die vorgängige Festlegung der Werte und der Projektziele ein gemeinsames Grundverständnis der Bauaufgabe, das die Basis für eine gute Zusammenarbeit bildet. Zum andern legen alle Beteiligten ihren Aufwand transparent dar und werden dafür auch entschädigt. Bei den sonst üblichen Offerten besteht dagegen das Risiko einer zu tiefen Kalkulation – etwa um einen Auftrag zu bekommen – mit der Folge, dass die Entschädigung die Kosten nicht deckt. Je nach Umständen und Vertragsbedingungen lässt sich dann der Mehraufwand oft nicht in Rechnung stellen. Umgekehrt entfällt in IPD-Projekten die Möglichkeit, bei einem Minderaufwand die Differenz als Gewinn zu verbuchen. Dieser fliesst in die gemeinsame Kasse und wird unter allen Stakeholdern aufgeteilt.

Das Kleingedruckte

Neben der Bewertung von Risiken gilt es bei IPD-Projekten, auch das «Kleingedruckte» genau anzuschauen – oder anders ausgedrückt: die Nachteile im Vergleich zur klassischen Projektabwicklung. Diese sollten ebenfalls in die Überlegungen miteinbezogen werden. Die Übersicht in der Box zeigt, wie das Kleingedruckte für die einzelnen Stakeholder aussieht.

Ablaufplanung minimiert das Risiko

Fehlen Materialien oder können die notwendigen Mengen nicht in der gewünschten Zeit umgesetzt werden, laufen Zeitrahmen und Kosten schnell aus dem Ruder. Zudem sinkt die Motivation aller am Prozess Beteiligten auf ein Minimum. Um die Risiken eines IPD-Bauprojekts beurteilen zu können, brauchen die Beteiligten deshalb frühzeitig verlässliche Daten zu den Arbeitsabläufen und Warenflüssen. Diese machen das Bauprojekt für alle im IPD-Team sichtbar und geben ihnen die Sicherheit, dass sich das Vorhaben aus Sicht der Arbeitsabläufe und Materialflüsse innerhalb des gesteckten Zeit- und Finanzrahmens umsetzen lässt. Damit schaffen die Logistikfachleute einen Mehrwert für alle.

Nachteile von IPD für die Auftraggeberschaft

- Der Zeitaufwand für das ganze Projekt kann unter Umständen grösser sein.
- Die Startphase und die Evaluation der richtigen Partnerinnen und Partner sind aufwendig.
- IPD-Prozess als Blackbox – und damit die Schwierigkeit, ein solches Projekt intern genehmigen zu lassen, da Kosten und Termine noch unbekannt sind.

Nachteile von IPD für die Planenden

- Durch den frühen Einbezug der Ausführenden ist das Auftragsvolumen für die Planenden unter Umständen kleiner.
- Der Zeitaufwand in der Startphase ist grösser.
- Fehler lassen sich nicht mehr auf Dritte abschieben.

Nachteile von IPD für die Ausführenden

- Für Generalunternehmer entfällt das teilweise lukrative Claim Management (Vertragslücken).
- Fehler lassen sich nicht mehr auf Dritte abschieben.
- Ein eventueller Gewinn muss geteilt werden.

Nachteile von IPD für Nutzende und Betreibende

- In der Planungsphase fällt ein Mehraufwand an (wird aber in der Regel später durch ein gut funktionierendes Bauwerk kompensiert).

«Der technologische Fortschritt der Immobilienbranche hängt nicht nur vom unternehmerischen Geschick oder vom Liquiditätsstand der einzelnen Firmen ab, sondern vor allem vom Mut und von der Veränderungsbereitschaft des Teams aus Politik und Unternehmerschaft, eine aufrichtige Risikobewertung, Szenarien zur Entwicklung, Zukunftsambitionen, Realismus und Ausdauer zu einer digitalen Souveränität zusammenzufügen. Eine integrierte Projektabwicklung ist der Katalysator für die digitale Souveränität.»

Alfred Waschl, Vorstandssprecher buildingSMART Austria, Wien (A)

B.4 Anreize und Erfolg

[Summary]

IPD-Projekte bringen für die Beteiligten – im Vergleich zur klassischen Projektabwicklung – zahlreiche Vorteile mit sich, vor allem auch ideelle. Doch zur Motivation der Stakeholder braucht es starke Anreize, die sich nicht nur auf die persönliche Zufriedenheit beschränken dürfen. Ebenso wichtig sind ökonomische Anreize, beispielsweise durch das Unterschreiten der Baukosten oder in Form von Bonuszahlungen bei Erreichen der Projektziele. Solche Ziele müssen messbar sein, und die zugehörigen Boni müssen zu Beginn gemeinsam festgelegt und von allen Beteiligten als erreichbar eingeschätzt werden.

Anreize schaffen

Die Aussicht, dank IPD an einem Projekt arbeiten zu können, das sauber abläuft, wenig Leerläufe aufweist, bei dem alle an einem Strick ziehen, man Teil eines interdisziplinären Netzwerks ist und die Arbeit fair honoriert wird, schafft bei den Beteiligten eine persönliche Zufriedenheit und ist sicher ein grosser Anreiz, mitzumachen. Die ökonomische Komponente darf dabei aber nicht vergessen gehen. Schlussendlich braucht es auch finanzielle Anreize für alle Stakeholder, um ein Projekt umzusetzen, das für einen minimalen Preis einen maximalen Nutzen bringt. Die aktuellen Vergütungssysteme für Planende bewirken genau das Gegenteil, denn sie basieren in der Regel auf der Bausumme. Wieso soll ein Planer der Auftraggeberin helfen, Kosten zu sparen, wenn damit auch sein eigenes Honorar tiefer ausfällt? Deshalb ist klar: Der Vertrag unter den Stakeholdern eines IPD-Projekts (siehe auch Seite 121) muss unbedingt ein Anreizsystem enthalten.

Anreize weitergeben

Ein Grossteil der Arbeit in einem IPD-Projekt wird von Menschen geleistet, die nicht direkt am Projektgewinn ihres Arbeitgebers partizipieren. Deshalb sollte sich jedes am Projekt beteiligte Unternehmen überlegen, welche Anreize es intern schaffen kann, um die Mitarbeitenden zu Höchstleistungen und zum gewerkübergreifenden Mitdenken anzuspornen. Denkbar ist etwa eine Beteiligung der Mitarbeitenden an einem Teil des erwirtschafteten Bonus aus dem Projekt.

Beispiele von Anreizsystemen*

Das kostenabhängige Anreizsystem

Beim kostenabhängigen System teilen Auftraggeberschaft und Allianzpartner Unter- wie auch Überschreitungen des Zielpreises (TOC) im Verhältnis 50:50 auf. Bei einer Preisüberschreitung müssen die Allianzpartner nur mit ihrem Gewinn sowie dem vertraglich vereinbarten Zuschlag zu den allgemeinen Geschäftskosten (AGK) geradestehen. Alle direkt mit dem Projekt in Zusammenhang stehenden Kosten (anrechenbare Kosten) hingegen werden den Allianzpartnern auf jeden Fall vergütet. Alle über den Gewinn und den Zuschlag zu den AGK hinausreichenden Kostenüberschreitungen gehen zulasten der Auftraggeberschaft. Werden die Kosten unterschritten, teilen sich Auftraggeberschaft und Allianzpartner die Einsparungen hälftig.

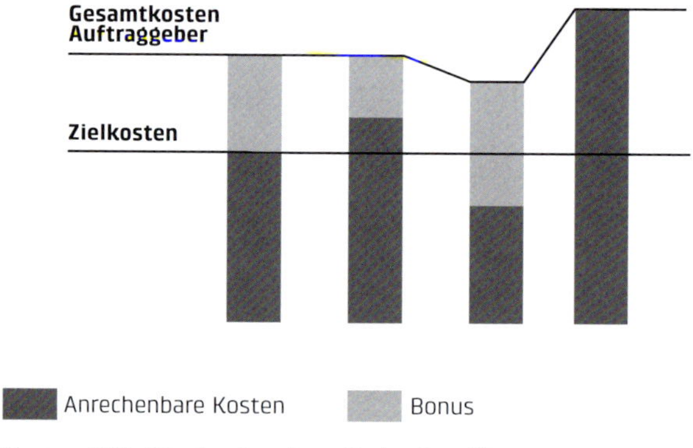

Kostenabhängige Gewinn- bzw. Verlustbeteiligung

B
4

Das erfolgsabhängige Anreizsystem

Beim erfolgsabhängigen System wird die Erreichung der gesteckten Ziele in verschiedenen Bereichen – den sogenannten Key Result Areas (KRA) – gemessen. Dazu zählen etwa die Einhaltung des Bezugstermins oder die Lebenszyklus- und Wartungskosten. Hinzu kommen nicht kostenabhängige Bereiche wie Sicherheit, Umwelt oder Qualität. Die KRA werden anhand von Key Performance Indizes (KPI) gemessen, und zwar in sieben Stufen von «nicht akzeptabel» bis «herausragend». Jeder dieser Bereich wird dabei mit einem Punktespektrum von –100 bis +100 dargestellt (siehe Grafik). Die Kriterien für die Erreichung der Punkte legt das Allianzmanagementteam (AMT) vorab eindeutig fest, ebenso die Vorgaben der Auftraggeberschaft, mit wie viel Prozent die einzelnen KRA bei der Berechnung für das Anreizsystem positiv oder negativ zu Buche schlagen. Das erlaubt eine objektive Bewertung über das ganze Projekt hinweg. Das für den jeweiligen Bereich zuständige AMT misst anhand der Kriterien monatlich das Erreichen der Vorgaben. Nach Abschluss des Projekts wird aus den Einzelresultaten das Gesamtergebnis berechnet – im Fachjargon Outturn Performance Score (OPS) genannt.
Voraussetzung für eine Auszahlung der Erfolgsprämie ist, dass mindestens in den Bereichen Sicherheit und Umwelt positive Resultate erzielt werden. Ist dies nicht der Fall, gibt es keine Prämie – auch wenn andere KPI gute Resultate zeigen.

Für die Entschädigung der Allianzpartner bei einem positiven Ergebnis richtet der Auftraggeber vorab einen sogenannten Performance-Pool ein und stattet diesen mit einem Startkapital aus. Zusätzlich verpflichtet er sich, einen bestimmten Anteil der kostenabhängigen Einsparungen beim Projekt in den Pool einzuzahlen. Sein Anteil an der Prämie ist dadurch gedeckelt. Zusätzlich kann vereinbart werden, dass auch die Allianzpartner einen Prozentsatz der Kostenunterschreitung in den Pool einzahlen. Erreicht das OPS die maximale Punktzahl, geht das gesamte Geld aus dem Pool an die Allianzpartner, ist es negativ, zahlen diese eine Strafe. Diese beträgt maximal die Höhe des Auftraggeberanteils im Performance Pool.

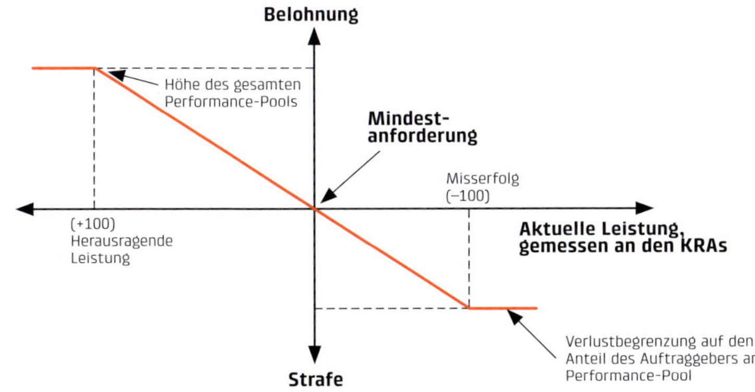

Erfolgsabhängige Gewinn- und Verlustbeteiligung

* Die Beispiele stammen aus dem Buch «Kooperative Projektabwicklung im Bauwesen unter der Berücksichtigung von Lean-Prinzipien – Entwicklung eines Lean-Projektabwicklungssystems», von Ailke Heidemann, Institut für Technologie und Management im Baubetrieb, Karlsruher Institut für Technologie, sowie von Bridget Hanson (2012).

Den Erfolg messen

Der finanzielle Erfolg eines IPD-Projekts lässt sich nur messen, wenn die Erfolgsfaktoren zu Beginn von allen Beteiligten gemeinsam festgelegt werden und es sich dabei um messbare Grössen handelt. Denkbar ist etwa eine Matrix aus Nutzfläche, Attraktivität des Bauwerks, Erstellungskosten und Mieteinnahmen.

Zu einem IPD-Projekt gehört aber eine Vielzahl weiterer Ziele, geht es doch im Kern darum, ein Gebäude zu erstellen, das die Kriterien buildable, operable, usable und sustainable erfüllt (siehe Seite 27). Für jedes dieser Kriterien müssen zu Beginn in enger Zusammenarbeit aller Stakeholder Zielvorgaben aufgestellt werden. Damit deren Erreichung überprüft werden kann, orientiert man sich bei der Festlegung am besten an den SMART-Kriterien (siehe Box auf Seite 69). Denn nur wenn die Ziele überprüfbar sind, zeigt sich, ob sich der Aufwand gelohnt hat.

Die Zufriedenheit aller Stakeholder und finanzielle Anreize sind zwei wichtige Treiber eines IPD-Projekts.

Auftraggeber

Auftraggeberschaft und Nutzende: Bestimmen Sie die Ziele mit!

Als Auftraggeberin und auch als späterer Nutzer verbinden Sie gewisse Anforderungen mit dem Projekt. Deshalb ist es wichtig, diese ganz zu Beginn gegenüber den Planenden und den Ausführenden einzubringen und dafür zu sorgen, dass sie in die Zieldefinition einfliessen.
So können Sie früh die Weichen in die gewünschte Richtung stellen und einen wichtigen Beitrag dazu leisten, dass das Projekt am Schluss weitgehend Ihren Wünschen entspricht und die erwartete Performance bringt.

SMARTe Ziele

Spezifisch: Das Ziel muss klar und für alle Beteiligten nachvollziehbar definiert werden.
Beispiel: Die Wege vom Lager in die Produktion sollen kürzer werden.

Messbar: Die Erreichung des Ziels muss sich in Zahlen messen lassen.
Beispiel: Gegenüber der heutigen Situation sollen die Wegstrecken um 30 Prozent reduziert werden.

Akzeptabel: Alle Beteiligten müssen sich einig sein, dass das Ziel erreicht werden kann.
Beispiel: Alle sind sich einig, dass eine Verkürzung der Wege machbar ist.

Realistisch: Hohe Ziele zu setzen, ist wichtig, aber sie müssen auch sinnvoll sein.
Beispiel: Eine Verkürzung der Wege um 50 Prozent wäre baulich nicht mit vernünftigem Aufwand realisierbar, 30 Prozent sind aber machbar.

Terminiert: Der Zeitpunkt, bis wann das Ziel erreicht sein soll, muss festgelegt und dann das Resultat gemessen werden.
Beispiel: Spätestens bei Vollendung des Rohbaus wird die Erreichung des Ziels überprüft.

Wann soll die Überprüfung des Ziels stattfinden?

Sollen nur Ziele definiert werden, die spätestens bei der Übergabe an den Betrieb geprüft werden können, oder auch solche, deren Erfüllung erst nach einiger Zeit der Nutzung messbar ist? Da ein IPD-Projekt mit der Übergabe endet und die Beteiligten sich in alle Winde zerstreuen, liegt es nahe, vor allem Ziele festzulegen, die sich spätestens bei Bauende bewerten lassen. Je nach Projekt kann es aber auch sinnvoll sein, Ziele zu definieren, die erst zu einem späteren Zeitpunkt überprüft werden können – beispielsweise der Heizenergieverbrauch oder die Auslastung eines Gebäudes. Wichtig ist, auch für solche Ziele festzulegen, wann sie gemessen werden und wie ein eventueller Bonus/Malus unter den Beteiligten geregelt wird. Optimalerweise werden Gelder, die für eine Bonuszahlung weit nach Bauvollendung bestimmt sind, auf einem Sperrkonto deponiert. So ist sichergestellt, dass diese dereinst auch zur Verfügung stehen.

z.B.

Strassentunnel «Rantatunneli» Tampere (SF)

Auftraggeberschaft:	Stadt Tampere, Finnische Verkehrsagentur Väylävirasto, Helsinki
Schlüsselunternehmen:	Lemminkäinen Group, Helsinki, A-Insinöörit Suunnittelu Oy, Tampere, Saanio & Riekkola, Consulting Engineers Oy, Helsinki
Weitere wichtige Beteiligte:	Vison Oy, Helsinki (Allianz-Coach)
Investitionsvolumen:	194 Mio. CHF
Ausführung:	Implementierungsphase: Juni 2012 – September 2013 Realisierungsphase: Oktober 2013 – Mai 2017
Ergebnisse:	• Realisierung des Projekts unter dem gesteckten Rahmen von 200 Mio. CHF • Erfolgreiche Big-Room- und Target-Value-Design-Prozesse • 240, zum Teil sehr bedeutende Innovationen • Eröffnung sechs Monate vor Zeitplan • Sehr hohe Sicherheitsanforderungen erfüllt • Alle wichtigen Leistungsindizes (KPI) überschritten • Mit diversen Innovationspreisen ausgezeichnet

«Die Gerichte verlangen eine Kooperation der Bauvertragsparteien. Warum nicht gleich kollaborieren?»

Ulrich Eix, Rechtsanwalt und Partner für Bau- und Immobilienrecht in der Wirtschaftskanzlei LUTZ I ABEL, Büro Stuttgart (D)

we

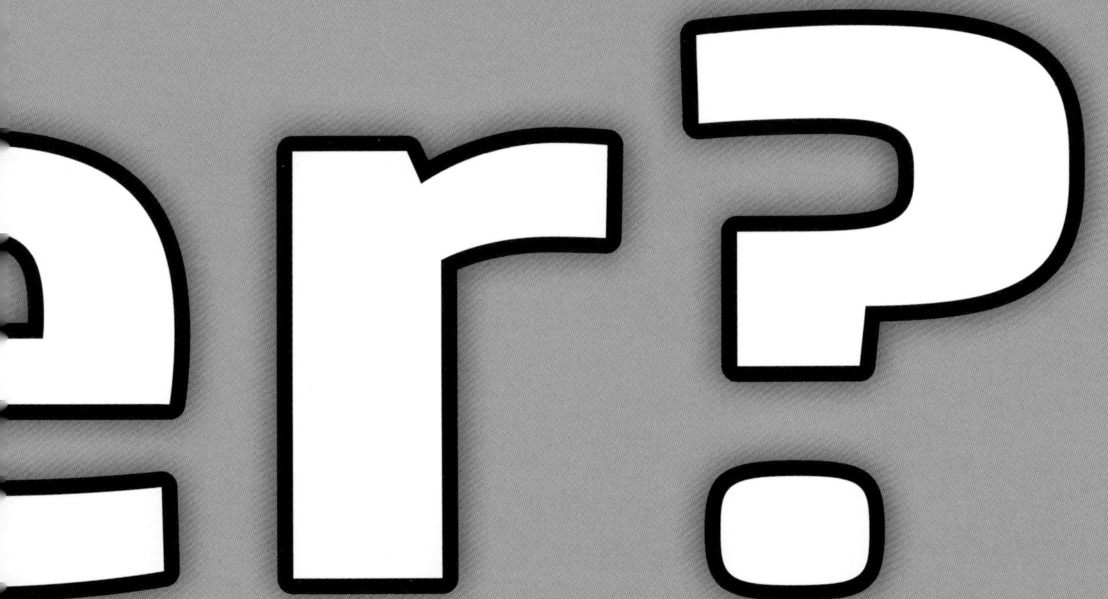

C

Kultur, Teamleitung, Partner-Casting

ERNE

C.1 Neue Zusammenarbeitskultur

[Summary]

Miteinander statt neben- oder gar gegeneinander – die kollaborative Form der Zusammenarbeit gibt es auch anderswo, doch für IPD bildet sie die entscheidende Grundlage. Kollaboration funktioniert aber nur, wenn alle Beteiligten bereit sind, sich darauf einzulassen und einen Kulturwandel zu vollziehen – weg vom Silodenken und hin zu einer transparenten, offenen Form der Zusammenarbeit. Wichtig ist dabei, dass die Teamleitung ein Umfeld schafft, das es allen möglichst leicht macht, Fehler als Chance zur Verbesserung zu sehen und Differenzen gemeinsam zu lösen.

Drehung um 180 Grad

Abschotten, abwehren, durchwursteln – mit diesen drei Worten lässt sich die heutige Arbeit in der Planung und der Ausführung von Bauprojekten leicht überspitzt umschreiben. Oder anders gesagt: Den Letzten beissen die Hunde. Man muss nicht der oder die Beste sein, sondern einfach nicht der oder die Schlechteste. Wer an einem IPD-Projekt mitarbeiten will, muss all das über Bord werfen und sich auf eine komplett andere Kultur der Zusammenarbeit einlassen. Denn IPD heisst unter anderem: für die Gemeinschaft denken, offen kommunizieren, komplette Transparenz in allen Bereichen zulassen, Fehler zugeben, Sorgen und Nöte mit den anderen teilen. Gelingt dieser Kulturwandel nicht oder nur teilweise, ist ein IPD-Projekt zum Scheitern verurteilt, auch wenn die richtigen Vertragsformen verwendet werden. Dann macht die Offenheit wieder Misstrauen und Missgunst Platz, die Beteiligten verfallen von Neuem in alte Denk- und Handlungsmuster.

Ohne einen konsequenten Kulturwandel ist ein IPD-Projekt zum Scheitern verurteilt.

Sicherer Hafen

Der Kulturwandel aller Beteiligten ist das eine, die Schaffung eines passenden Umfelds das andere. Eine Kernaufgabe der Leitung eines IPD-Teams ist es deshalb, eine Arbeitsumgebung zu schaffen, die allen Beteiligten die Sicherheit gibt, dass sie jederzeit offen über alles sprechen können – über Bedenken ebenso wie über Fehler oder finanzielle Probleme. Dieser sichere Ort muss es auch zulassen, dass man sich mal streitet und danach wieder findet.

Best Practice

Lassen Sie sich coachen

Einmal ist immer das erste Mal – das gilt auch für die Mitarbeit an einem IPD-Projekt. Besteht ein IPD-Team aus vielen Neulingen, braucht es unbedingt ein Coaching durch eine Fachperson mit IPD-Erfahrung. Diese vereinfacht und beschleunigt den Teambildungsprozess, greift rechtzeitig ein, wenn die Kultur zu wenig gepflegt wird, und kann als neutrale Betrachterin von aussen den Beteiligten Tipps geben oder unerwünschte Entwicklungen rechtzeitig in die richtigen Bahnen leiten. Ein solches Coaching kostet zwar auf den ersten Blick viel Geld; gemessen an den Kosten des Gesamtprojekts ist der Aufwand jedoch vergleichsweise klein. Ein Scheitern des Vorhabens, weil sich die Beteiligten nicht finden, kostet bereits heute bei konventionell organisierten Projekten ein Mehrfaches. Wichtig: Die Funktion des Coaches muss eine aussenstehende Fachperson übernehmen. Nur sie ist genügend neutral und behält aus der Distanz den Überblick.

Streit- und Fehlerkultur

Ein IPD-Team ist keine Kuschelgruppe, in der sich alle mit Samthandschuhen anfassen. Auch hier besteht mal Uneinigkeit, fliegen mal die Fetzen, werden Fehler gemacht. Wichtig ist aber, dass eine Kultur etabliert wird, die es möglich macht, Fehler zuzugeben und strittige Punkte auszudiskutieren. Dazu sollten alle Beteiligten von Beginn an folgende Punkte festlegen:

- Wie wird mit Fehlern umgegangen?
- Wer vermittelt bei Streitigkeiten zwischen Teammitgliedern?
- Entschieden wird im Konsent (siehe Definition) und nicht im Konsens.
- Welche Sanktionsmöglichkeiten hat die Leitung des IPD-Teams, wenn Einzelne sich nicht an die Regeln halten – etwa Fehler nicht eingestehen oder Streitigkeiten nicht bereinigen?

Konsens oder Konsent?

Konsens = Alle sind einer Meinung.

Konsent = Niemand ist dagegen.

Scheitern muss möglich sein

Scheitern ist per se nicht schlecht. Das gilt auch für IPD-Projekte. Schlecht ist nur, wenn man nichts daraus lernt, was heute bei Projekten leider oft vorkommt. Denn nur weil man ein IPD-Projekt realisieren will, ist der Erfolg noch lange nicht garantiert. Viel mehr muss man optimistisch, aber kritisch gegenüber sich selbst und dem Vorhaben sein. Jede Optimierung im Projekt beginnt bei sich selbst und beim eigenen Beitrag zum Erfolg. Das Team dient dabei als gemeinsame Stütze zum Weiterkommen. Der Grundsatz der Integration setzt auf Langfristigkeit und ist als Weg zu verstehen, nicht als Ziel. Dieses Ideal müssen alle Beteiligten mittragen – oder das Projektteam verlassen. Kompromisse werden früher oder später das Team und damit den Projekterfolg gefährden. Die Umsetzung des Ideals erfolgt in kleinen Schritten und setzt voraus, dass das Team sich in möglichst kurzen Abständen selbst kritisch hinterfragt sowie Verbesserungen offen und konsequent diskutiert. Scheitern ist dabei ein wichtiges Element, da nur so weiter optimiert werden kann.

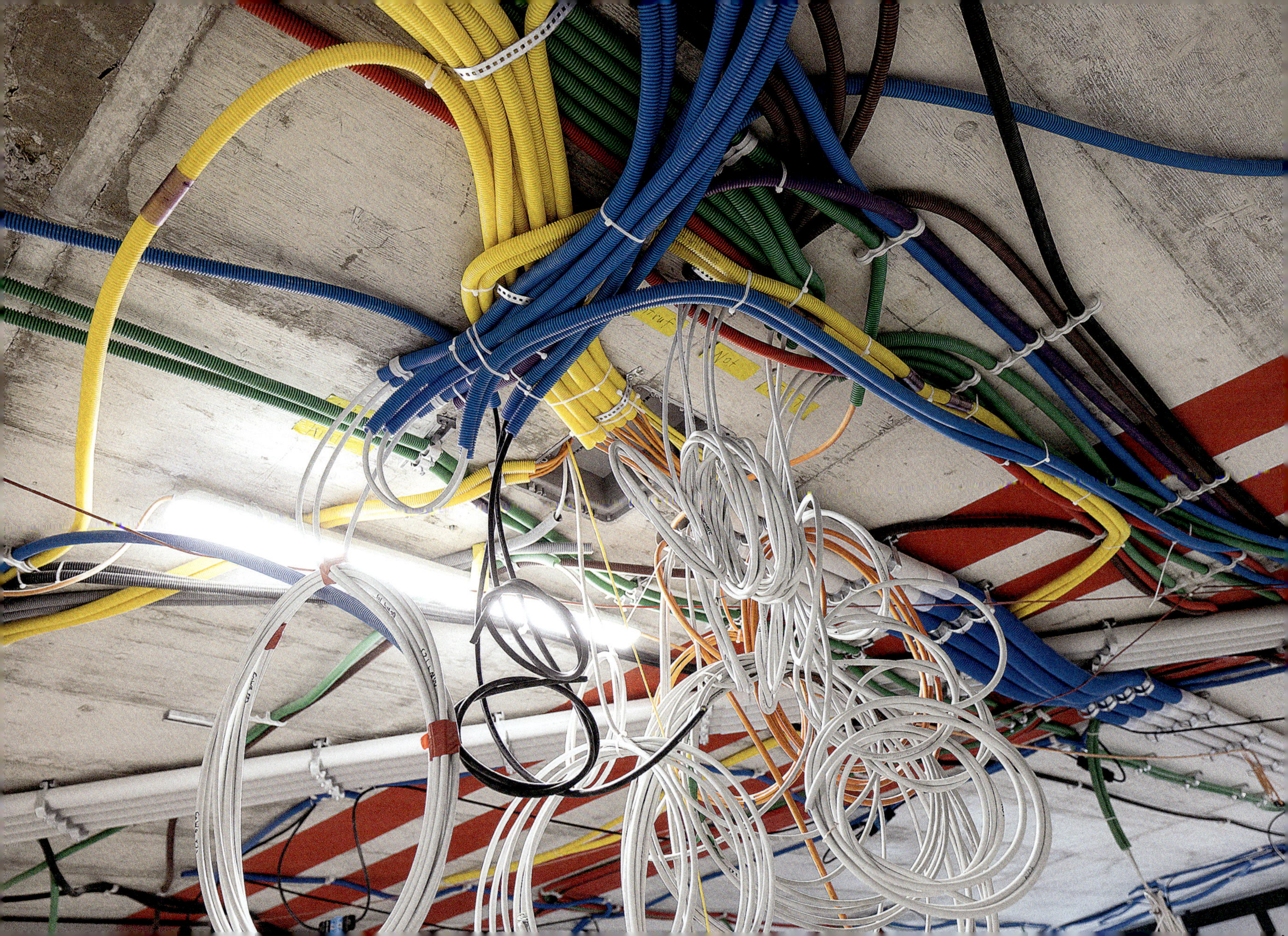

C.2 Die IPD-Teamstruktur

[Summary]

Ein IPD-Team ist nicht von Anfang an einfach da, sondern es festigt sich mit der Zeit. Die Beteiligten arbeiten in der Regel über Jahre hinweg eng zusammen und haben meist die Verantwortung für Projekte im grösseren zwei- oder dreistelligen Millionenbereich. Entsprechend wichtig ist es, eine Struktur und eine Grösse festzulegen, die sowohl dem Hauptcharakter von IPD – der Kollaboration – gerecht werden, als auch ein rasches Handeln und eine saubere Überwachung des gesamten Planungs- und Bauprozesses ermöglichen. Bewährt hat sich die Aufteilung in ein Kernteam als Zugpferd und interdisziplinär zusammengesetzte Teams für einzelne Teilaufgaben im Rahmen des Projekts.

Grundlagen der IPD-Teamstruktur

So viel wie nötig, so wenig wie möglich – nach dieser Formel sollten die Grösse wie auch die Struktur des IPD-Teams festgelegt werden. Im Gegensatz zur klassischen Projektabwicklung sind bei IPD alle wichtigen Stakeholder stets direkt involviert und in späteren Projektphasen auch durch einen einzigen Vertrag (siehe Seite 121) zusammengebunden. Trotzdem können nicht alle immer und überall mitreden. Das erfordert eine Struktur, die zwar die Mitsprache sicherstellt, die einzelnen Gremien aber auf eine überschaubare Grösse beschränkt, die Diskussionen zulässt.

Die Zahl der am Team Beteiligten hängt vom Projekt ab. In der Regel gehören alle Schlüsselpersonen der wichtigsten Gewerke und Planenden dazu. Wer die zentralen Akteure sind, ergibt sich beispielsweise aus der Nutzung des Projekts, seiner Bauweise oder den besonderen Herausforderungen. Bei einem Stahlbau etwa haben die Stahlbauplanerinnen und ausführende Stahlbauunternehmen eine zentrale Rolle. Bei einer Industrieanlage gehört dagegen der Anlagenplaner dazu, bei einem Hotel die Innenarchitektin.

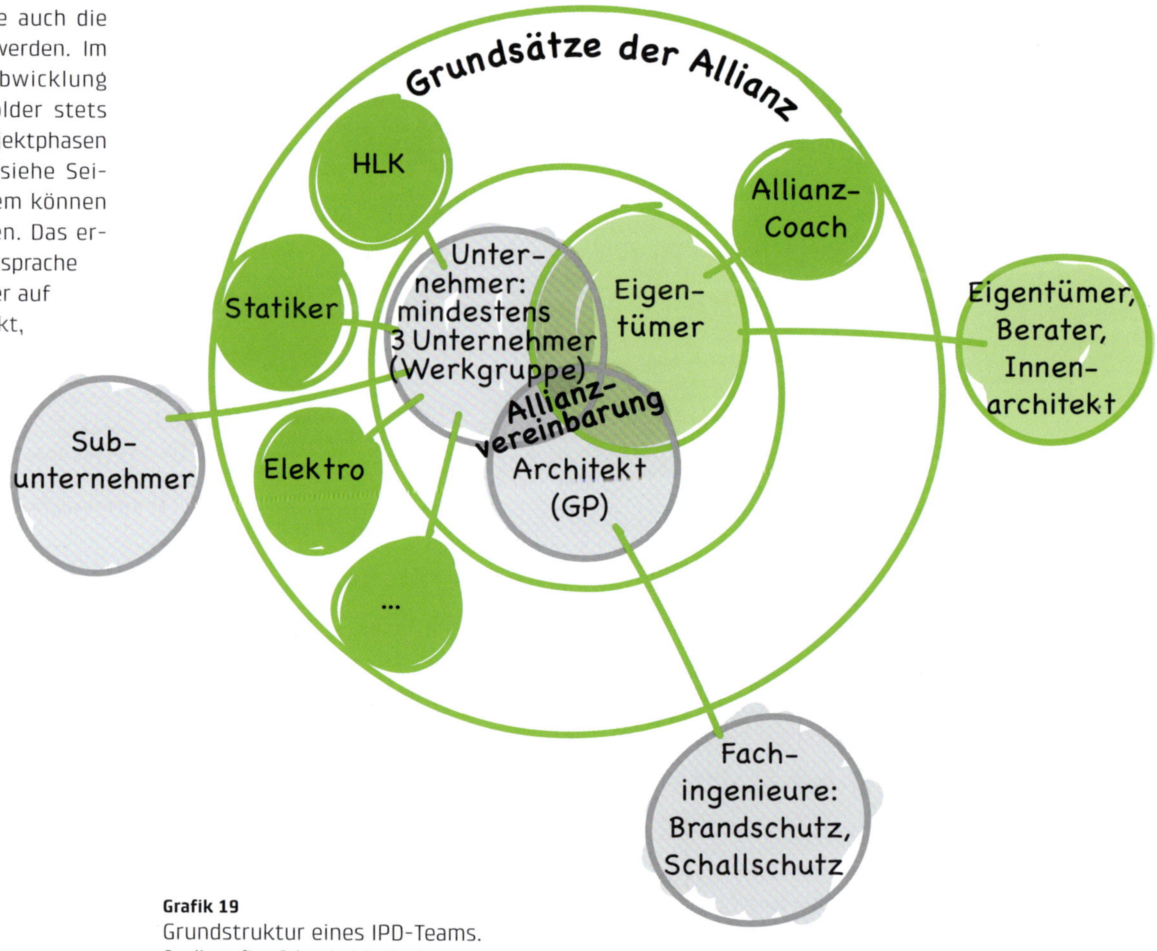

Grafik 19
Grundstruktur eines IPD-Teams.
Quelle: refine Schweiz AG, Zürich

Best Practice

Resilienz einplanen

Steigt ein Stakeholder aus einem IPD-Team aus, lässt er sich unter Umständen nur schwer ersetzen. Daher braucht es in der Teamzusammensetzung Resilienz. Achten Sie darauf, dass sich die Zuständigkeitsbereiche von Schlüsselpersonen so überlappen, dass die Kontinuität der Arbeit auch bei einem plötzlichen Ausfall gewährleistet ist.

Resilienz

Als Resilienz wird in der Soziologie die Fähigkeit einer Gesellschaft oder einer Organisation bezeichnet, externe Störungen zu verkraften, ohne dass sich die relevanten Systemfunktionen verändern. Resilienz wird deshalb oft auch als Komplementärbegriff zu Vulnerabilität (Verletzlichkeit) verwendet.

Der Kern: das Projektmanagementteam*

Das Projektmanagementteam ist die Lokomotive des IPD-Teams. Dazu gehören mindestens der Auftraggeber, die Architektin und die Vertreter der wichtigsten ausführenden Unternehmen. Je nach Projekt kommen weitere Beteiligte hinzu, etwa zusätzliche Planende mit entscheidenden Kernkompetenzen für das jeweilige Gebäude. Die Mitglieder des Projektmanagementteams schliessen miteinander den IPD-Vertrag ab, partizipieren am Gewinn oder Verlust des Projekts, treffen alle wichtigen Entscheidungen und überwachen die Kosten. Das Team umfasst in der Regel zwischen 6 und 15 Mitglieder. Die Erfahrung zeigt aber, dass eine möglichst kleine Zahl an Beteiligten oft zielführender ist als ein grosser Kreis. Auch hier spielen die Art des Projekts und die spezifischen Herausforderungen eine grosse Rolle.

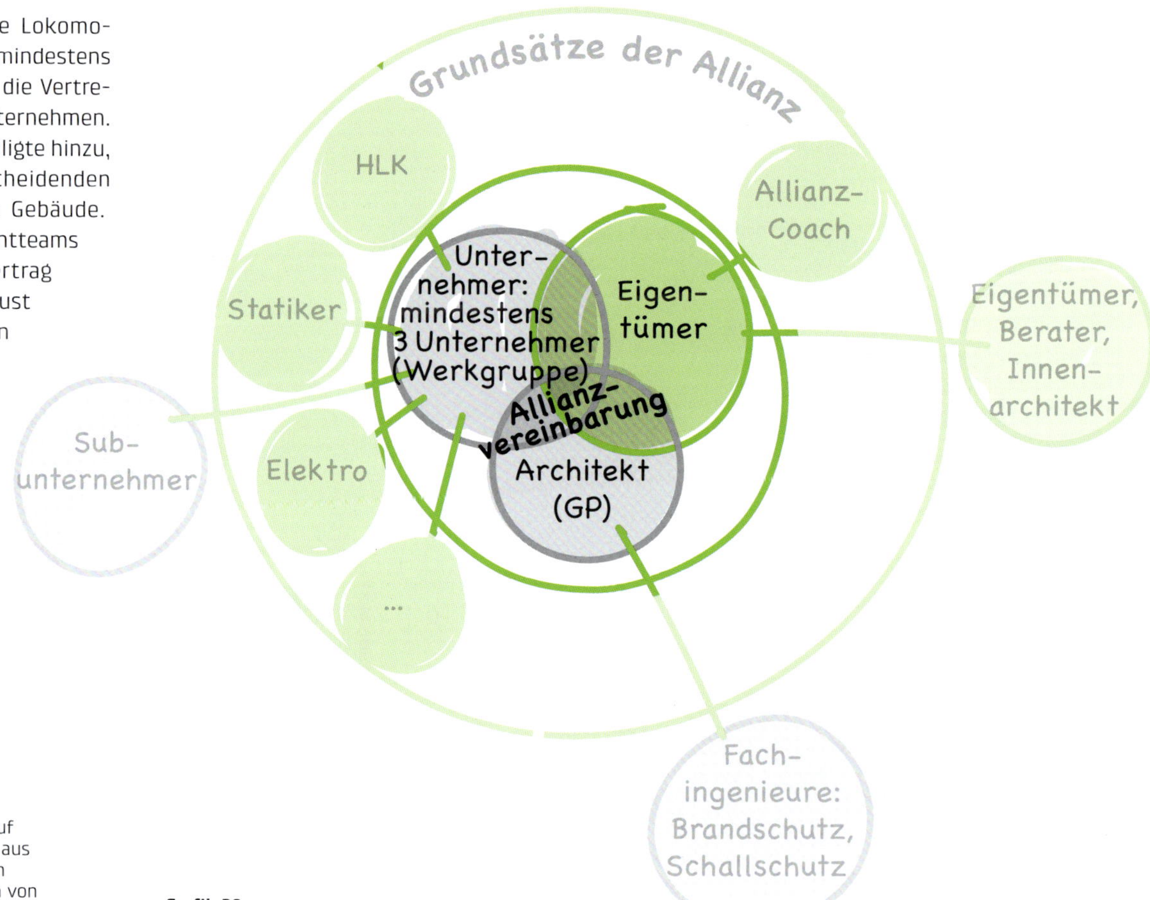

Grafik 20
Das Projektmanagementteam
Quelle: refine Schweiz AG, Zürich

* Die Begriffe und die Funktionen der Teams auf dieser und den nächsten drei Seiten stammen aus dem Buch «Integrierte Projektabwicklung – ein Leitfaden für Führungskräfte», herausgegeben von James Pease, Howard Ashcraft, Markku Allison, Renee Cheng, Sue Klawans (siehe Literaturverzeichnis, Seite 188).

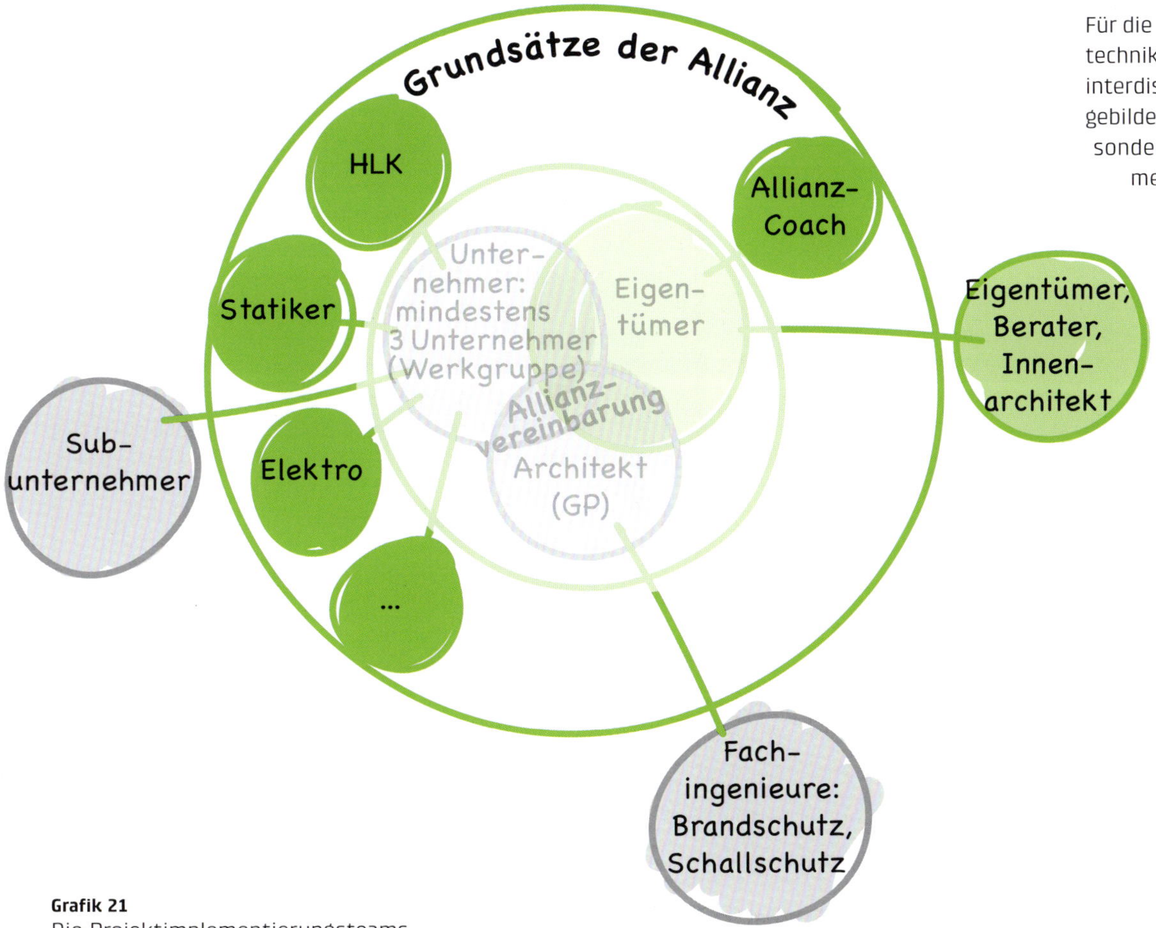

Grundsätze der Allianz
HLK
Allianz-Coach
Statiker
Unter-nehmer: mindestens 3 Unternehmer (Werkgruppe)
Eigen-tümer
Eigentümer, Berater, Innen-architekt
Allianz-vereinbarung
Sub-unternehmer
Elektro
Architekt (GP)
...
Fach-ingenieure: Brandschutz, Schallschutz

Grafik 21
Die Projektimplementierungsteams
Quelle: refine Schweiz AG, Zürich

Der Ring: die Projekt-implementierungsteams*

Für die einzelnen Projektbereiche, etwa die Haustechnik, das Tragwerk oder die Fassade, werden interdisziplinäre Projektimplementierungsteams gebildet. Sie optimieren nicht nur ihren Bereich, sondern – vernetzt mit anderen Projektimplementierungsteams – auch das gesamte Projekt. Welche und wie viele Teams es braucht, hängt vom Projekt ab und wird vom gesamten IPD-Team gemeinsam festgelegt. Die Projektimplementierungsteams sind ebenfalls in den IPD-Vertrag eingebunden und folgen seinen Prinzipien, die involvierten Unternehmen partizipieren ebenfalls am Gewinn oder Verlust des Projekts.

Die Schlichter: das Senior Managementteam*

Das Senior Managementteam bildet quasi das Gewissen des Projekts. Es schlichtet beispielsweise bei Streitigkeiten innerhalb des IPD-Teams, kümmert sich um Fragen im Zusammenhang mit Projektänderungen und führt Vertragsverhandlungen. Das Senior Managementteam besteht aus Vertretern aller am IPD-Vertrag beteiligten Parteien, meist Führungskräften aus dem mittleren Management der jeweiligen Unternehmen.

Weitere Beteiligte

Längst nicht alle ins Projekt involvierten Planenden, Ausführenden und Zuliefernden müssen Teil des IPD-Teams sein. Nicht dazu zählen etwa einzelne Fachspezialisten oder Unternehmen ohne direkten Einfluss auf die Gesamtziele des Bauvorhabens. Sie werden über klassische Beratungs- oder Werkverträge eingebunden und partizipieren weder am Gewinn noch am Verlust des Projekts.

Die Leitung des IPD-Teams

IPD-Teams benötigen eine Leitungsperson, die alle Fäden zusammenhält. Wer diese Funktion innehat, kann je nach Phase des Projekts variieren. Alle, die im Verlauf der Arbeit eine Leitungsfunktion übernehmen, sollten aber möglichst früh mit dabei sein und zusammen das Leitungsgremium bilden. Vergleichen lässt sich dies mit einer Geschäftsleitung, bei der der Vorsitz wechselt. Zu Beginn, wenn das Team gebildet wird und die Grundlagen für das Projekt erarbeitet werden müssen, kann beispielsweise eine Vertreterin der Auftraggeberschaft die Leitungsfunktion übernehmen. In der Designphase geht diese Rolle dann an einen Architekten, eine Generalplanerin oder einen anderen Planer mit grosser Wichtigkeit für den Projekterfolg über. In der Bauphase schliesslich hat beispielsweise der Projektleiter des Generalunternehmers oder eine Baumanagerin den Lead. Wichtig ist: Die einzelnen Rollen müssen detailliert festgelegt und durch die jeweils passende Person wahrgenommen werden.

Eigenschaften der Leitung des IPD-Teams

Bei der Leitung eines IPD-Projekts steht nicht die klassische Führung durch Aufträge und Aufgabenverteilung an die Untergebenen im Vordergrund, sondern die Moderation des Teams, die Facilitation und die Unterstützung der Beteiligten bei der Selbstorganisation. Die Leitungsperson eines IPD-Teams braucht deshalb nicht nur eine Ausbildung für die Führung komplexer Projekte und Erfahrung darin, sondern auch weitere Eigenschaften, insbesondere:

- Neugier sowie Offenheit gegenüber anderen Vorschlägen und Meinungen
- Fähigkeit, ein Umfeld zu schaffen, das einen offenen Austausch im Team ermöglicht
- Fähigkeit, Menschen ins Team zu integrieren und zu vermitteln
- Keine Probleme, eigene Fehler zuzugeben
- Flair für die Pflege der Teamkultur

Weniger wichtig ist es dagegen, alle technischen Tools und Methoden zu beherrschen. Dieses Wissen kann erlernt werden, charakterliche Eigenschaften hingegen nicht.

Moderation

Moderation ist ein Instrument, um die Kommunikation in Teams so zu unterstützen und zu leiten, dass die Ressourcen der einzelnen Teilnehmenden maximal zum Tragen kommen.

Facilitation

Bei der Facilitation geht es darum, die Mitglieder eines Team dabei zu unterstützen, ihre selbst definierten Ziele möglichst eigenständig zu erreichen. Zum Einsatz kommt die Facilitation etwa in Workshops und Meetings, bei Veränderungsprozessen oder bei der Umsetzung eines Projekts. Im Gegensatz zur Moderation ist die Facilitation vollkommen offen und will die Beteiligten weder beeinflussen, drängen noch beurteilen.

Der Charakter der Leitungsperson ist wichtiger als technische Kenntnisse.

Ausbildung für IPD

Grundsätzlich kann jede versierte Baufachperson Teil eines IPD-Teams werden. Zusätzliches Rüstzeug für die Mitarbeit und insbesondere für die Leitung eines IPD-Teams kann man sich in verschiedenen Lehrgängen aneignen:

- Mehrere Hochschulen und Fachhochschulen im deutschsprachigen Raum bieten innerhalb ihrer CAS- und MAS-Kurse spezifische IPD-Module an.
- Gut geeignet sind auch allgemeine Managementlehrgänge, insbesondere solche mit Schwerpunkt auf der Führung von Projekten und Projektteams.

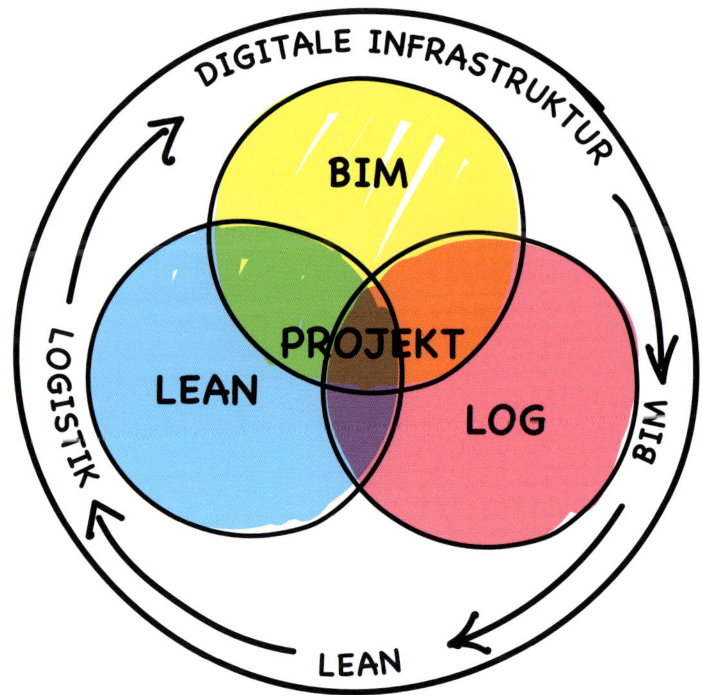

Grafik 22
Optimales Zusammenspiel von Lean, BIM und Logistik.

Best Practice

Logistik nicht vergessen

Das schönste Projekt und die beste Planung nützen nichts, wenn die Logistik nicht berücksichtigt wird und es schlussendlich am Materialfluss hapert. So wie der Statiker oder die Elektroplanerin müssen auch Logistikfachleute unbedingt früh ins IPD-Team einbezogen werden. Den grössten Mehrwert bringt die Planung der Prozess- und Logistikoptimierung in den Phasen vor der Ausführung. Hier liegt viel Potenzial, das durch KPIs und die Darstellung der Schnittstellen von BIM, Lean und Logistik sichtbar gemacht werden kann. Dabei können die Logistikfachleute mit ihren Tools und ihrem Wissen zeigen, ob die Umsetzung eines Projekts in der gewünschten Zeit am jeweiligen Standort rein logistisch überhaupt zu bewältigen ist.

«Der durchgängige Ansatz von IPD ermöglicht eine effizientere baulogistische Abwicklung und hilft substanziell, Transparenz zu schaffen, die Zusammenarbeit zu vereinfachen und damit die Risiken zu reduzieren.»

Yvette Körber, CEO und Co-Founder
Amberg Loglay AG, Zürich (CH)

«Konfliktbezogene Geschäftsmodelle von Anwälten finden mit IPD ihre Grenzen. Nicht die kostenintensiven, lang dauernden Gerichtsverfahren bringen Lösungen, sondern eine konstruktive, wertschöpfende Prozessbegleitung mit schlanken Konfliktlösungsmechanismen unter den Allianzpartnern.»

Wolf S. Seidel, Dr. iur., Rechtsanwalt, Seidel & Partner, Uitikon (CH)

C.3 Wer passt ins IPD-Team?

[Summary]

Die Auswahl der künftigen Teammitglieder ist das A und O. Nur wenn die Chemie stimmt, läuft ein IPD-Projekt wirklich rund. Deshalb sollte man den Aufwand für die Evaluation der passenden Partner und Partnerinnen nicht scheuen. Optimal ist, wenn eine neutrale Fachperson – etwa eine Wirtschaftspsychologin – diesen Prozess begleitet. Wichtig ist auch, dass nicht die Akquisiteure der künftigen Stakeholder bei der Auswahl dabei sind, sondern die designierten Projektleitenden. Diese müssen letztlich über eine lange Zeit Hand in Hand arbeiten. Die Motivation zur Optimierung mit dem Grundsatz «project first» ist hier wichtiger als Honoraransätze und Gewichtungsfaktoren. Wenn ein Team glaubhaft seinen Wert aufzeigt, ist das wesentlich wertvoller als das übliche «Schaulaufen im Beautycontest».

Grossunternehmen oder KMU?

Die bisherige Erfahrung zeigt: Grossunternehmen fällt es schwerer, sich konsequent auf ein IPD-Projekt einzulassen, als kleinen Firmen. Zum einen sind es Grossunternehmen gewohnt, die Zügel in der Hand zu haben, zum andern ist ihre Struktur meist schwerfällig – unter anderem wegen der zahlreichen Entscheidungsebenen, der geringen Befugnisse der einzelnen Mitarbeitenden und des grossen Regelwerks. Kleinere Unternehmen hingegen sind meist agiler, geben ihren Mitarbeitenden grössere Kompetenzen und sind es gewohnt, rasch auf ein sich veränderndes Umfeld zu reagieren.

Schwer oder leicht?

Als Unternehmen steht man bezüglich Kapitalbindung grundsätzlich vor der Entscheidung, eine Asset-Heavy- oder eine Asset-Light-Strategie zu fahren. Asset-Heavy bedeutet, alles unter einem Dach zu vereinen mit dem Ziel, die eigene Wertschöpfung zu vergrössern. Dadurch wird viel Kapital im Unternehmen gebunden, dafür kann Wissen in den eigenen Reihen behalten werden. Der Asset-Light-Ansatz hingegen zielt in die gegenteilige Richtung: Hier minimiert ein Unternehmen den eigenen Kapitaleinsatz – etwa durch eine aufs Minimum beschränkte Infrastruktur sowie einen möglichst kleinen Personalbestand – und vernetzt sich mit anderen Partnern aus der Branche, um die Wertschöpfung zu steigern. Oder anders ausgedrückt: Die Firma spezialisiert sich und ergänzt das eigene Wissen mit demjenigen der Netzwerkpartner. Dazu muss man umgekehrt bereit sein, das eigene Wissen zu teilen, profitiert dafür jedoch vom Know-how der Netzwerkpartner. Die Idee von IPD verfolgt vom Grundsatz her genau den Asset-Light-Ansatz: Durch das Netzwerk des IPD-Teams benötigen die einzelnen Partner nur ein Minimum an eigenen Ressourcen, bringen ihr spezifisches Wissen ein, profitieren vom Know-how der anderen und können so gemeinsam die Wertschöpfung erheblich steigern.

Best Practice

Gründen Sie ein Spin-off

Wenn Sie ein grosses Unternehmen führen und sich an einem IPD-Projekt beteiligen möchten, kann die eigene träge Firmenstruktur ein Hindernis sein. Eine einfache Möglichkeit, diesem Problem zu begegnen, ist die Gründung eines Spin-offs. Dieses umfasst nur wenige, für die neue Aufgabe motivierte Mitarbeitende mit grossen Freiheiten. Und genügen die Kapazitäten einmal nicht, kann das Spin-off problemlos Leistungen vom Mutterhaus beziehen. Die Gründung eines separaten Unternehmens ist zudem eine gute Möglichkeit, die neue Form der Projektumsetzung auszuprobieren. Klappt es nicht, hält sich das Risiko in Grenzen und Sie können das Spin-off nach Abschluss laufender Projekte einfach wieder liquidieren.

Auftraggeber

Auf bewährte Teams setzen

Hauptziel von IPD ist ein optimal funktionierendes Team. Überlegen Sie sich als Auftraggeber oder Auftraggeberin deshalb, ob Sie dieses neu mit Einzel-Castings zusammenstellen wollen oder ob es nicht sinnvoller ist, direkt eine Auswahl unter bewährten Teams zu treffen, die schon mehrfach in derselben Konstellation gearbeitet haben. Dazu lassen Sie in einer Auswahlphase nicht einzelne Player, sondern bestehende Teams gegeneinander antreten. Diese Lösung kann auch ein Schlüssel sein, um Projekte der öffentlichen Hand mit IPD-Teams zu realisieren (siehe auch Seite 122).

Wer gibt den Anstoss zu einem IPD-Projekt?

Grundsätzlich kann jeder der späteren Stakeholder ein IPD-Projekt initiieren. Bei den bisher weltweit auf diese Weise realisierten Bauwerken kam der Anstoss aber meist von der Auftraggeberschaft oder vom wichtigsten Planer – etwa dem Architekten. Denkbar ist also beispielsweise, dass ein Generalplaner, aber auch eine General- oder Totalunternehmerin den Anstoss gibt, ein Bauvorhaben als IPD-Projekt aufzugleisen. Gerade bei vorgefertigten Bauten – etwa in Holzmodulbauweise – kann es sinnvoll sein, wenn das Holzbauunternehmen das Thema gegenüber der Auftraggeberschaft aufgreift

Was müssen die Stakeholder mitbringen?

IPD ist nicht einfach eine Management- oder Realisierungsmethode, sondern ein grundsätzliches Commitment. Entsprechend gross muss bei allen Beteiligten – egal ob Auftraggeberschaft, Planende oder Ausführende – die Überzeugung sein, Neues ausprobieren, sich durch schwierige Zeiten beissen und Transparenz leben zu wollen. Ganz nach dem Motto: Jeder und jede muss wollen, sonst klappt es nicht. Die Checkliste auf der nächsten Seite hilft, sich und sein Unternehmen selbst einzuschätzen.

Sind wir fit für IPD?

Die klassische Projektabwicklung bedeutet fragmentiertes Arbeiten, IPD hingegen integriertes Arbeiten. Die folgende Matrix zeigt die Unterschiede zwischen den beiden Arbeitsweisen und hilft Ihnen bei der Selbsteinschätzung, ob Sie bereit sind für den Einstieg in IPD.

Fragmentiertes Arbeiten	Integriertes Arbeiten
Auftraggebende	
Ich beauftrage zuerst die Planenden. Diese sollen das Projekt so weit entwickeln, dass wir das günstigste Unternehmen für die Ausführung finden. Wir geben die Risiken so weit wie möglich weiter, zuerst an die Planenden und dann an die Ausführenden.	Ich suche das beste Team für die Planung und Ausführung. Mir ist es wichtig, dass dieses Team auf mich und meine Bedürfnisse eingeht. Sobald wir den Projektumfang gemeinsam geklärt haben, wird auch der Preis dafür fixiert. Über die Übernahme von Risiken sprechen wir gemeinsam.
Planende	
Wir setzen auf die traditionelle Arbeit vor Ort in unserem Büro.	Wir arbeiten dort, wo es Sinn macht, wenn möglich gerne colocated.
Wir bevorzugen das klassische Phasenmodell und suchen passende Handwerker erst, wenn alle Pläne fertig sind.	Wir verstehen die ausführenden Unternehmen als Partner auf Augenhöhe und beziehen sie möglichst früh in die Planung mit ein.
Die Verträge mit den ausführenden Unternehmen müssen wasserdicht sein und dürfen möglichst keine Schlupflöcher für Nachträge offen lassen.	Eine gemeinsame Haltung und ein gemeinsames Verständnis für das Projekt sind zentral. Der Vertrag stellt eine Minimalleistung sicher und gibt uns Anreize für Optimierungen zugunsten des Projekts und der beauftragten Unternehmen.
Unser Honorar berechnen wir vorab. Falls es nicht reicht, melden wir uns frühzeitig. Wer wann am Projekt arbeitet, geht nur uns etwas an.	Wir legen unseren Aufwand offen und zeigen die Ressourcen und Kompetenzen auf, die wir im Projekt einsetzen.

Fragmentiertes Arbeiten	Integriertes Arbeiten
Wir wissen, wie und wann Projekte erfolgreich sind. Wir brauchen keine Metriken – das ist Zeitverschwendung.	Wir verstehen Metriken als Steuerungselemente, die uns und dem gesamten Projektteam helfen, auf Kurs zu bleiben oder gemeinsam sinnvolle Massnahmen zu formulieren.
Alle Regeln für die Zusammenarbeit sind im Vertrag festgehalten.	Wir erarbeiten eine gemeinsame Teamcharta für die Zusammenarbeit im Projektteam.
Ausführende	
Wir sind reine Umsetzer.	Wir besitzen spezielles technisches Know-how.
Wir pflegen ein auf Nachträgen basierendes Geschäftsmodell.	Wir setzen auf ein innovationsbasiertes Geschäftsmodell.
Wir sind nicht risikofähig und nicht bereit, Risiken zu übernehmen.	Wir sind fähig, Risiken zu übernehmen, und bereit dazu.
Wir geben möglichst wenig preis.	Wir sind open minded.
Nutzende und Betreibende	
Wir kommunizieren unsere Wünsche erst, wenn ein konkretes Projekt vorliegt.	Wir möchten ganz zu Beginn unsere Wünsche einbringen.
Wir setzen unsere Forderungen gerne vertraglich durch.	Wir helfen gerne mit, Lösungen im Team zu erarbeiten.
Wir geben uns mit der gelieferten Performance des Gebäudes zufrieden.	Wir setzen alles daran, durch die frühe Mitarbeit eine optimale Performance des Gebäudes zu erreichen.
Wir geben möglichst wenig preis.	Wir sind open minded.

C
3

«In der integrierten Projektabwicklung mit Mehrparteienverträgen sehe ich eine Projektabwicklungsform, die unsere Probleme in der Planung und Ausführung von komplexen Projekten an der Wurzel packt und starke Signale für die Transformation der Bau- und Immobilienwirtschaft sendet.»

Thomas Bär, Geschäftsführer German Lean Construction Institute (GLCI), Karlsruhe (D)

wi

D

Alignment, Instrumente, Changemanagement

Zone H

D.1 Das IPD-Systemmodell

[Summary]

Auch wenn IPD auf den ersten Blick nach einem Modell aussieht, bei dem alle Beteiligten mitdiskutieren und ihre Inputs einbringen können, braucht es eine straffe Ablauforganisation. Bewährt hat sich hierfür eine Roadmap mit fünf Phasen. Ein besonderes Augenmerk gilt dabei der ersten Phase. Während dieser werden die entscheidenden Weichen gestellt, werden die passenden Partner und Partnerinnen ausgesucht, wird der Business Case für das gesamte Projekt entwickelt und auch die Basis für den später abzuschliessenden Mehrparteien- oder Allianzvertrag erarbeitet.

Die Struktur für den Erfolg

Ziel von IPD ist es, Gebäude zu erstellen, die alle an sie gestellten Anforderungen bestmöglich erfüllen (siehe Seite 27). Alle Elemente müssen darauf ausgerichtet und miteinander verzahnt werden – von den Beteiligten über die Instrumente bis hin zur Messbarkeit des Erfolgs. Zusammen bilden sie die IPD-Struktur.

Die Basis: das Simple Framework für IPD

Das Grundverständnis von IPD im vorliegenden Buch baut auf dem Konzept des Simple Frameworks für IPD-Projekte auf (Details dazu siehe Seite 16). Darin spielt die Integration eine tragende Rolle. Sie ist das Resultat von kollaborativem Denken und Handeln. Integrierte Systeme zur Gestaltung des Bauwerks können nur dann entstehen, wenn auch die zugehörigen Abläufe integriert erfolgen. Damit integrierte Prozesse möglich sind, müssen die Organisationen, die am Planungs- und Bauprozess beteiligt sind, möglichst eng zusammenarbeiten und die relevanten Informationen miteinander teilen. Dies wird durch die VDC-Elemente (Virtual Design and Construction) in der Anwendung möglich.

Miteinander geteilte Informationen schaffen Klarheit für alle Beteiligten und bringen einen Teil der notwendigen Transparenz in die Zusammenarbeit – eine wichtige Grundlage, um das notwenige Vertrauen zu stärken. Durch Automation der integrierten Informationen können Arbeitsschritte optimiert und Metriken zur Zielerreichung aus den digitalen Bauwerksmodellen abgeleitet werden.

Die geeignete Form der Zusammenarbeit ist oft die persönliche Anwesenheit aller wichtigen Beteiligten an einem Ort. Natürlich gibt es Arbeiten, die durch die verschiedenen Teams autonom erledigt werden können. Die Entwicklung von Lösungen sowie der Abgleich und die Zusammenarbeit zwischen Bestellung, Planung und Ausführung funktionieren jedoch besser colocated, das heisst gemeinsam an einem Ort. Die Dauer und die Intensität dieser Colocation ist unterschiedlich und bildet ein wesentliches Merkmal

Best Practice

Setzen Sie auf Werte und Ziele

Das Fundament der Zusammenarbeit bildet die gemeinsame Festlegung der Werte und Ziele. Entsprechend müssen Sie Ihre Energie und Zeit in erster Linie hier investieren und nicht in die Diskussion über Vertragsinhalte. Auch wenn bei IPD letztendlich ein Allianzvertrag zwischen allen Beteiligten abgeschlossen wird, hat dieser doch vor allem symbolische Bedeutung. Dessen sollten Sie sich von Beginn an bewusst sein.

von IPD-Projekten. Das Ziel besteht darin, Wechselwirkungen, die das Projekt gefährden, durch Flusseffizienz aufzulösen.

Damit die Systeme effektiv entstehen können, ist ein Produktionsmanagement unumgänglich. Hier ist ein Denken in Produkten das wesentliche Merkmal von IPD-Projekten, sei es in der Planung, später in der Ausführung oder in der Bewirtschaftung. Die Produkte, die entstehen, sind konsequent auf den Mehrwert ausgerichtet. Nicht wertschöpfende Tätigkeiten werden kontinuierlich reduziert, die Verschwendung von personellen und materiellen Ressourcen wird minimiert.

Damit die Zielerreichung während des Planens und Bauens sichergestellt werden kann, müssen die wesentlichen Elemente in der Produktion gemessen werden. Dies mit dem Ziel, rechtzeitig geeignete Massnahmen einleiten zu können, wenn die Erreichung der Ziele gefährdet erscheint.

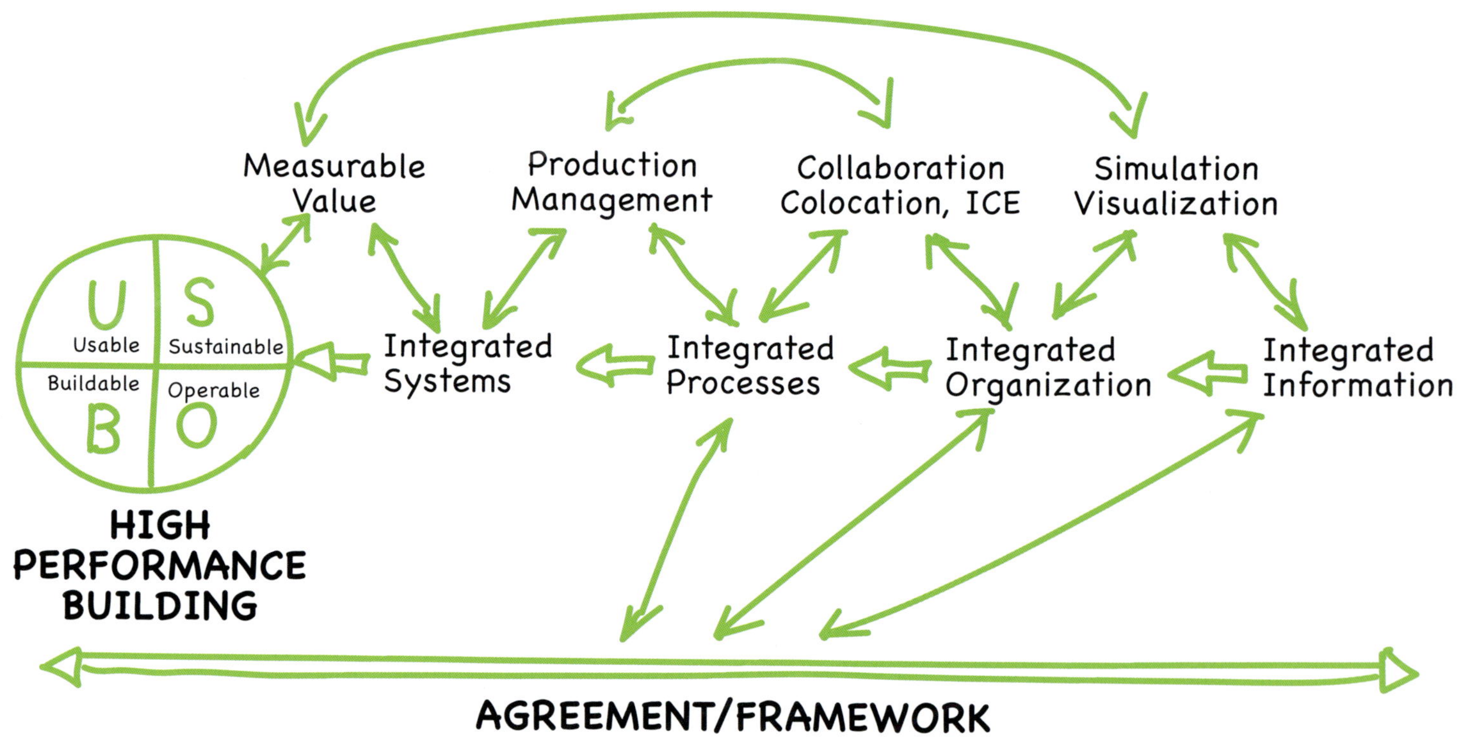

Grafik 23
Zusammenarbeit sichtbar gemacht – die Bausteine des Simple Frameworks für IPD*.

* Die Visualisierung des IPD-Frameworks stammt von Martin Fischer, Howard Ashcraft, Dean Reed und Atul Khanzode (© John Wiley & Sons, Inc.), sie wurde leicht adaptiert. Die Verwendung in diesem Buch erfolgt mit freundlicher Genehmigung der Autoren und des Verlags. Detaillierte Informationen zum Framework und zu den einzelnen Elementen finden sich im Buch «Integrating Project Delivery» (siehe Literaturverzeichnis, Seite 188).

High Performance Building
Bei einem IPD-Projekt steht das Endresultat im Mittelpunkt aller Bemühungen. Ziel ist der Bau eines High Performance Buildings – eines Gebäudes, das die folgenden vier Hauptkriterien erfüllt:
- Buildable
- Operable
- Usable
- Sustainable

Integrated Systems
Ein Gebäude kann die optimale Leistung nur erbringen, wenn alle Systeme exakt aufeinander und auf den Nutzen abgestimmt sind und wie Zahnräder sauber ineinandergreifen. Damit das möglich wird, müssen die Systeme gemeinsam erarbeitet werden, was zu integrierten Prozessen führt.

Integrated Processes
Lineare Planungsprozesse, bei denen jeder in seinem eigenen Silo tätig ist, gehören nicht zu IPD. Vielmehr suchen die Beteiligten gemeinsam nach Konstruktionsweisen und technischen, nachhaltigen Lösungen. Dabei findet die Zusammenarbeit in alle Richtungen und in interdisziplinären Teams statt. Das kann aber nur dann funktionieren, wenn die beteiligten Personen und Organisationen integriert zusammenarbeiten – was zu integrierten Organisationen führt.

Integrated Organization
Bei IPD arbeiten die einzelnen Beteiligten – unabhängig von ihrem eigentlichen Arbeitgeber – so zusammen, als ob sie zur selben Firma gehören würden. Und bei dieser quasi «virtuellen» Firma steht das optimale Projekt im Fokus. Damit «best for project» funktioniert, sind transparente Informationen über die Zusammenarbeit, aber auch über das Projekt unerlässlich – was letztlich zu integrierten Informationen führt.

Integrated Information
Nur wer möglichst viele Informationen zur Verfügung hat, kann seinen Teil zu einer optimalen Lösung beitragen – im Blindflug lässt sich dies nicht erreichen. Ein laufender Informationsaustausch, die Bereitstellung aller relevanten Daten (Kosten, Termine, Qualität) sowie maximales Vertrauen sind unabdingbare Bausteine dazu.

Measurable Value
Ein High Performance Building lässt sich nur schaffen, wenn alle Beteiligten zu Beginn die relevanten Messwerte und Massnahmen zur Erreichung der gemeinsamen Ziele festlegen. Diese werden später wenn nötig angepasst und herangezogen, um zu prüfen, ob das Gebäude die gewünschte Performance erreicht, sowie um den Produktionsprozess zu steuern.

Production Management
Nur wenn die richtigen Leute die richtigen Dinge zur richtigen Zeit tun, ist die Arbeit effizient und stimmt das Resultat. Damit dies passieren kann, braucht es die richtigen Instrumente und eine gemeinsame Erarbeitung der Planung.

Collaboration, Colocation, ICE
Wenn jeder in seinem Unternehmen und in seinem Büro arbeitet, lassen sich die Ziele von IPD kaum erreichen. Alle Schlüsselpartner sollten deshalb an einem Ort in sogenannten ICE-Sessions (Integrated Concurrent Engineering) zusammengezogen werden. Das verkürzt die Wege, fördert die enge Zusammenarbeit sowie den Informationsaustausch und die Kreativität.

Simulation, Visualization
Das Sichtbarmachen von Informationen und die Simulation von Bauabläufen sind für IPD unabdingbar. Die Arbeit am und mit dem BIM-Modell ist deshalb ein Muss.

Die IPD-Roadmap

Die Planung und die Realisierung eines IPD-Projekts läuft in der Regel in drei Hauptschritten ab (siehe Grafik 24):

- Schritt 1 umfasst die drei Phasen Strategie, Auswahl und Validierung. Dieser Schritt wird mit einem vorläufigen Mehrparteienvertrag sowie dem Entwurf des Gebäudes abgeschlossen.

So läuft die Beschaffung bei einem IPD-Projekt

Die Beschaffung für ein IPD-Projekt umfasst zwei Hauptphasen: In einer ersten Phase muss die Auftraggeberschaft intern alle relevanten Stakeholder ins Boot holen. Welche Schlüsselpersonen dazugehören, hängt von der Auftraggeberschaft und ihrer Struktur ab. Dazu zählen etwa die Geschäftsleitung, der Einkauf und die interne Bauabteilung. Bevor der externe Beschaffungsprozess starten kann, müssen die internen Stakeholder sich intensiv mit der Thematik auseinandersetzen und sich für IPD fit machen (siehe Seite 92). Es empfiehlt sich, bereits in dieser Phase ein externes Coaching beizuziehen. Sonst ist das Risiko gross, dass man schnell in alte Muster verfällt und am Schluss eine klassische Beschaffung durchführt. Auch ist es wenig zu empfehlen, dass Juristen allein dieses Coaching umsetzen – eine Kombination eines in IPD erfahrenen Juristen mit einem Coach für IPD, LEAN und VDC ist sinnvoll.

In einer zweiten Phase geht es um die eigentliche Bekanntmachung des Projekts. Die Art und Weise hängt von der Auftraggeberschaft und deren internen Vorgaben ab. Eine öffentliche Auftraggeberschaft muss ihr Projekt in der Regel auch offen ausschreiben. Dazu informiert sie die Öffentlichkeit über das Projekt, dessen geplante Abwicklung sowie die gewünschten Dienstleistungen und fordert externe Partner auf, ein Angebot einzureichen. Hierzu können auch innovative Wege gewählt werden, etwa eine Videopräsentation. Ein interessantes Beispiel dafür ist die Ausschreibung für die Realisierung des Bundesbauarchivs (https://bundesbau-bw.de/news/neuigkeiten-detail/neubau-bam-gbd-149).

Eine private Auftraggeberschaft wiederum kann potenziell geeignete Partner – beispielsweise Firmen, mit denen sie früher schon erfolgreich zusammengearbeitet hat – direkt anfragen, sie informieren und um die Teilnahme an einem Auswahlverfahren bitten.

Im Gegensatz zur klassischen Ausschreibung umfasst ein Angebot der potenziellen Partner bei IPD in der Regel nicht einen fixen Preis für die zu erbringenden Arbeiten, sondern folgende Elemente:

- Ausführungen zur Bereitschaft und Motivation, am IPD-Projekt mitzuarbeiten, beispielsweise auch das Commitment des CEO für IPD
- Angaben zu den Stundenansätzen der beteiligten Personen und Unternehmen
- Kalkulation der durch das Projekt verursachten direkten Kosten für das eigene Unternehmen
- Gewünschte Marge

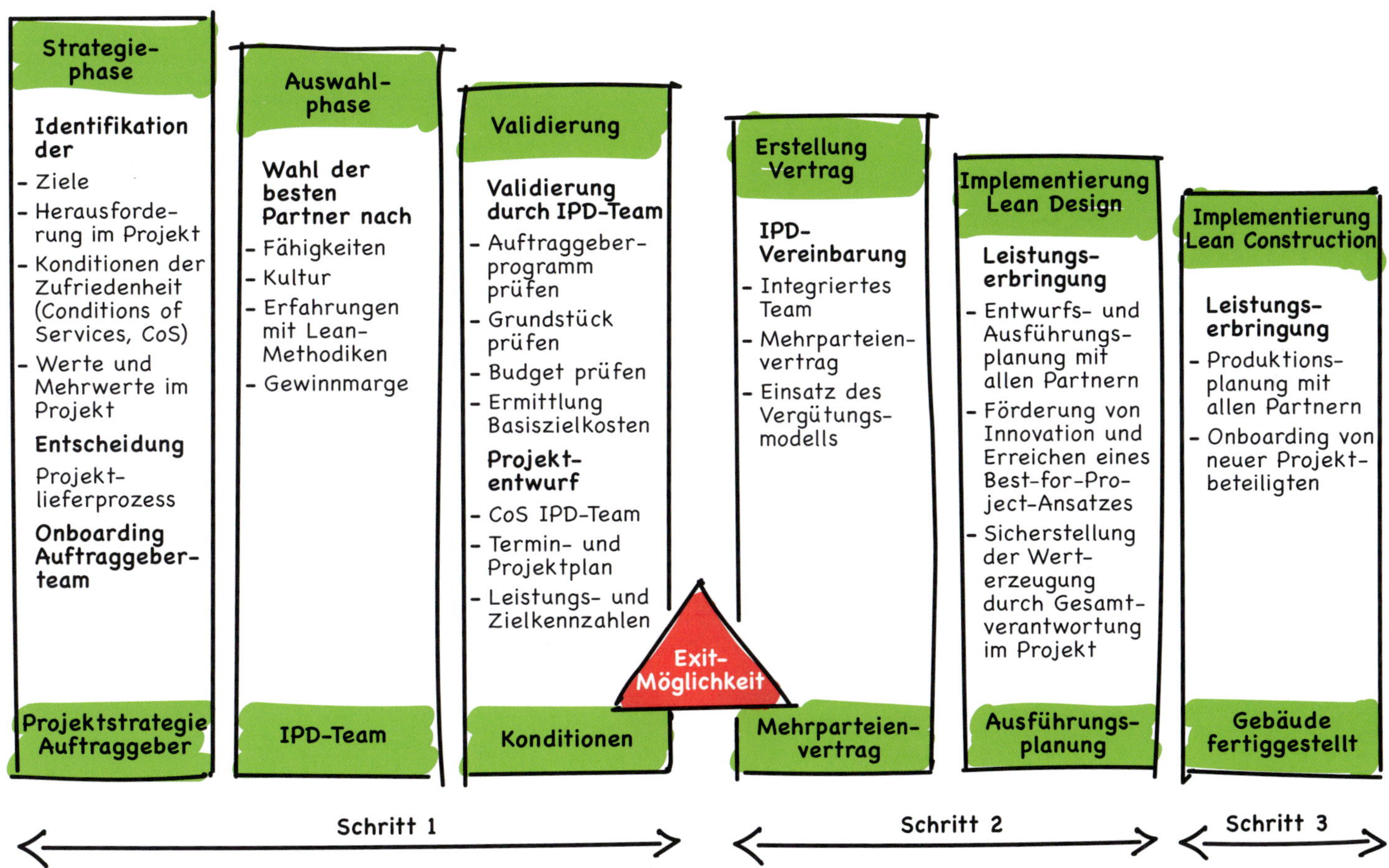

Grafik 24
Roadmap für die Umsetzung eines IPD-Projekts.
Quelle: refine Schweiz AG, Zürich

D
1

- Schritt 2 umfasst die Implementierung des Lean Designs, den Abschluss des endgültigen Mehrparteienvertrags sowie die Ausführungsplanung.
- Schritt 3 umfasst die Implementierung von Lean Construction und darauf basierend die Erstellung des Gebäudes.

VDC ist der Türöffner

Virtual Design and Construction (VDC) ist der Oberbegriff für das Planen, Bauen und Betreiben von Bauwerken mithilfe digitaler Bauwerksmodelle, kombiniert mit den dafür geeigneten Organisationsformen und Prozessen. Im Mittelpunkt steht dabei die Kollaboration aller am Projekt Beteiligten. Deshalb ist VDC bestens geeignet, um die einzelnen Elemente des IPD-

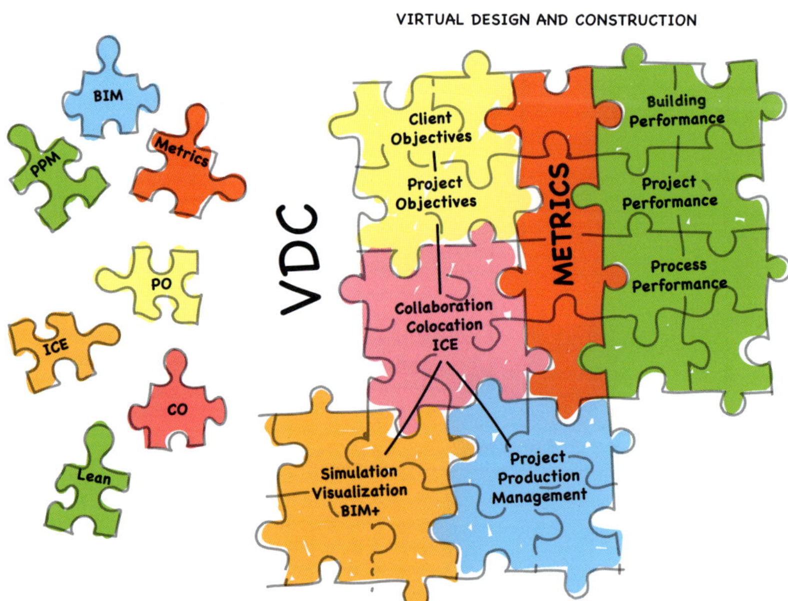

Grafik 25
VDC fügt die einzelnen Bausteine der digitalen Planung und Realisierung zu einem sinnvollen Ganzen zusammen.

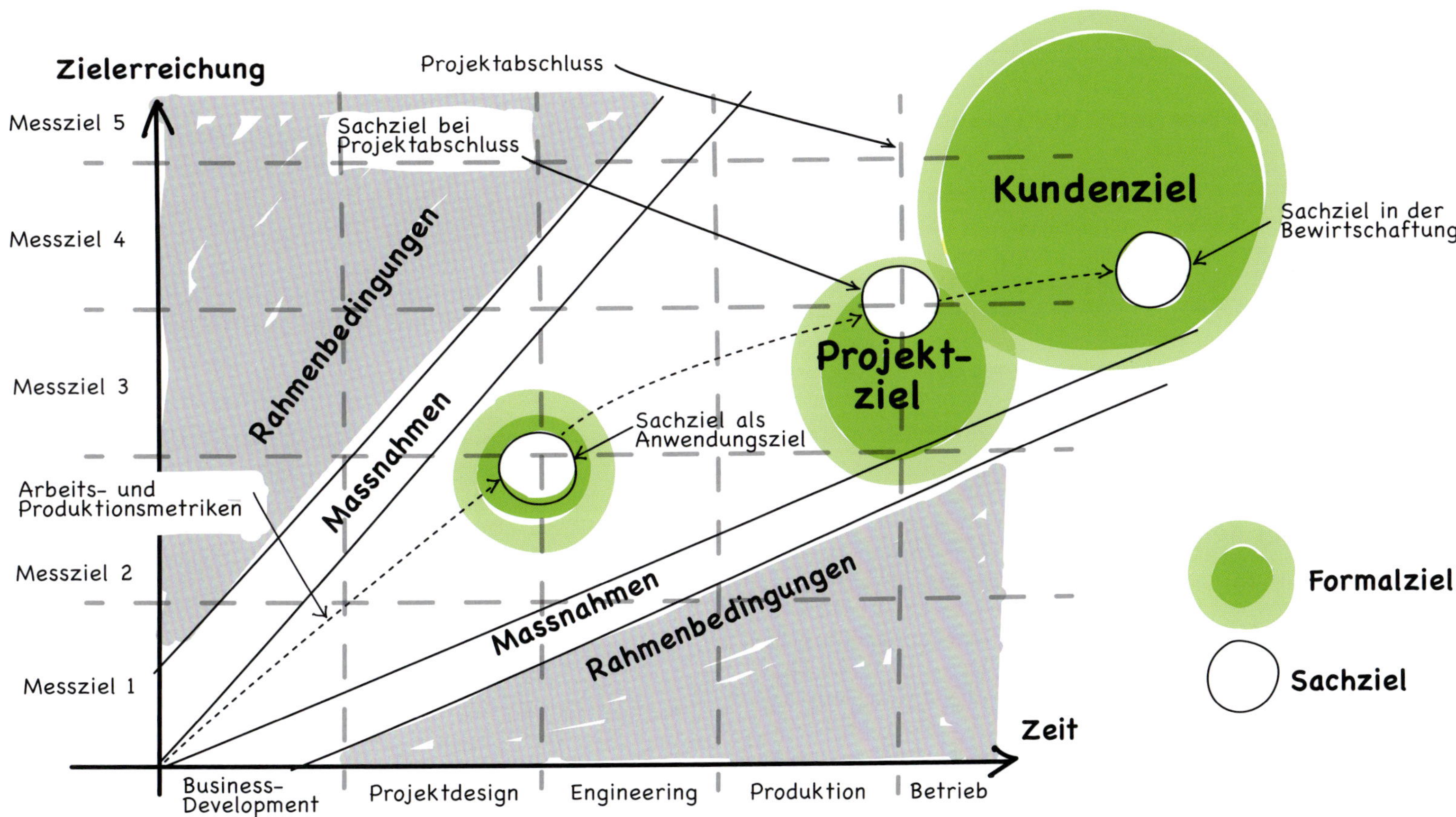

Grafik 26
Die Arbeits- und Produktionsmetriken (Metrics) sind entscheidend für die Bewertung der Zielerreichung.

Frameworks ineinandergreifen zu lassen. Jedes dieser Elemente ist zwar für sich sinnvoll, aber solange sie nicht perfekt zusammenspielen, ist ihr Nutzen beschränkt. VDC fügt sie wie Puzzlestücke zu einem sinnvollen Ganzen zusammen.

Die Brautschau – wer sucht die Stakeholder aus?

Die Crew einer Raumstation wird jeweils mit grösster Sorgfalt ausgesucht. Denn die Männer und Frauen verbringen zusammen Monate auf engstem Raum und ohne Ausweichmöglichkeit. Deshalb zählt beim Casting der einzelnen Crew-Mitglieder nicht nur ihr fachspezifisches Wissen, sondern auch ihre Fähigkeit, sich in eine Gruppe einzufügen und einzubringen. Das gilt ähnlich für die Mitglieder eines IPD-Teams: Sie arbeiten ebenfalls über lange Zeit sehr eng zusammen und sollten nicht nur fachlich brillieren, sondern auch menschlich. Entsprechend zeitaufwendig gestaltet sich das Casting, das am besten von einer spezialisierten externen Fachperson durchgeführt wird. Der Aufwand lohnt sich: Passt die Teamzusammensetzung, läuft es nachher rund und die Ergebnisse stimmen.

Wer gehört auf den Laufsteg?

Bei der klassischen Projektabwicklung sitzen bei der Vergabe von Planungs- und Ausführungsleistungen meist die Akquisiteure am Tisch. Für IPD sind sie die falschen Ansprechpartner. Denn es nützt nichts, wenn der Akquisiteur als solcher zwar bestens passt, später aber gar nicht am Projekt mitarbeitet. Auf den Laufsteg für das Partner-Casting gehören deshalb die vorgesehenen Projektleitenden der einzelnen Stakeholder. Denn sie alle müssen sich später bei der Arbeit am Projekt gut miteinander verstehen.

Der erste Workshop ist der Lackmustest

Stehen die potenziellen Stakeholder und deren Schlüsselpersonen fest, lohnt sich vor dem Start der Arbeiten ein Testlauf. Dazu eignet sich ein

Auftraggeber

Lassen Sie sich bei der Partnerwahl helfen

Als Auftraggeber oder Auftraggeberin stellen Sie die Finanzen für das Projekt bereit und tragen damit das grösste Risiko. Entsprechend gross sollte Ihr Interesse sein, die passenden Leute für das IPD-Team zu finden. Das eigene Bauchgefühl ist dabei sicher hilfreich, andererseits sind Sie aber selber Teil des Teams und damit ein Stück weit befangen. Deshalb ist es sinnvoll, die Auswahl von einer externen Fachperson durchführen oder zumindest begleiten zu lassen. Gut geeignet ist beispielsweise eine Wirtschaftspsychologin. Diese kann sowohl die ökonomische und fachliche als auch die menschliche Seite potenzieller Stakeholder beurteilen.

Business Case visualisieren und festlegen

Wie jedes erfolgreiche Projekt benötigt auch ein IPD-Projekt einen Businessplan. Dieser muss in der Strategiephase erstellt werden und bildet die Basis einerseits für die Umsetzung des Projekts und andererseits für die Zusammenarbeit zwischen den Stakeholdern.

Einen bewährten, zeitgenössischen Ansatz dafür bildet das Business Model Canvas. Dieses visualisiert die Geschäftsidee auf einfache und verständliche Weise. Beschrieben ist die Methode im Buch «Business Model Generation» von Alexander Osterwalder (siehe Literaturverzeichnis, Seite 188). Dieses gilt als Handbuch für Visionärinnen und Impulsgeber, die veraltete Geschäftsmodelle neu denken und Innovationen vorantreiben wollen. Canvas hilft, alle wesentlichen Elemente eines erfolgreichen Geschäftsmodells in ein skalierbares System zu bringen. Damit lassen sich Modelle oder Start-up-Ideen visualisieren und auf ihre unternehmerische Tauglichkeit testen. Mehr als eine halbe Million Menschen arbeiten weltweit mit der Methode. Auch das Geschäftsmodell von IPD-Projekten lässt sich damit auf einfache Art darstellen (siehe Seite 110) und kritisch prüfen.

Workshop, in dem erste projektspezifische Themen bearbeitet werden. Geht dann die Post richtig ab und performt das neu zusammengestellte Team, ist klar, dass die Wahl gut war. Gibt es Friktionen oder enttäuschen einzelne Teilnehmende, darf man sich nicht scheuen, diese auszutauschen.

Mit dem Business Model Canvas lässt sich das Geschäftsmodell eines IPD-Projekts visualisieren.

Die Stärken des Business Model Canvas

Grundlage der Methode bilden neun Kernbereiche:
- Zielgruppe
- Zentrale Aufgaben
- Kanäle
- Kundenbeziehungen
- Einnahmequellen
- Schlüsselressourcen
- Schlüsselpartnerschaften
- Haupttätigkeiten
- Kosten

Optimalerweise hängt man im Rahmen eines Workshops einen Plan mit den neun Segmenten auf und füllt die Felder anschliessend mithilfe von Klebenotizzetteln. Einen leeren Plan zum Selberausfüllen findet sich auf der nächsten Seite. Dank der stark auf die Optik ausgerichteten Darstellung zeigen sich Lücken (leere oder fast leere Bereiche) schnell. Das ermöglicht, das Projekt und seine Ziele kritisch zu hinterfragen.

Schlüssel-
partnerschaften
Haupttätigkeiten
Zentrale
Aufgaben
Kunden-
beziehungen
Zielgruppen
Schlüsselressourcen
High
Perfor-
mance
Kanäle
Hinweis:
Diesen Canvas-Plan
können Sie für Ihr eigenes
Projekt nutzen.
Kosten
Einnahmequellen

«IPD ist der Schlüssel zur erfolgreichen Zusammenarbeit.»

Nina Rodde, Gründerin und CEO Lumico GmbH, Berlin (D)

z.B.

Umbau Bürofläche «The refineSpace 7.0», Stuttgart (D)

Das Beratungsunternehmen refine aus Stuttgart hat seine Bürofläche in einem bestehenden Bürogebäude um gut 300 Quadratmeter erweitert. Das Projekt umfasste unter anderem die Schaffung von Sharing-Arbeitsplätzen für mindestens 76 Mitarbeitende mit höhenverstellbaren Tischen und modernster digitaler Ausstattung, den Umbau der Küche/Kaffee-Ecke, die CI-konforme Entwicklung einer Lounge, die Aufwertung der Flächen für Workshops mit externen Unternehmen sowie die Installation schalldichter Kabinen in verschiedenen Grössen für Videokonferenzen, Telefonate und Sitzungen mit bis zu zehn Personen. Das gesamte Vorhaben wurde in nur zwölf Wochen und über alle Phasen hinweg als IPA-Projekt (IPD) umgesetzt.

Auftraggeberschaft:	refine Projects AG, Stuttgart
Schlüsselunternehmen:	Interior Designer, Architekt, Möbelbau und Schlosserei und ein GU-Projektleiter (Konrad Knoblauch GmbH, Markdorf)
Investitionsvolumen:	400 000 Euro
Ausführung:	Planungs- und Realisierungsphase: Februar 2022 – April 2022 (12 Wochen)

Was hat refine bewogen, ein sehr kleines Projekt mit IPD zu realisieren?
Die Beratung von Kunden in den Bereichen Lean, BIM und IPD ist unser Kerngeschäft – da war es alternativlos, dass wir das bei einem eigenen Projekt auch anwenden.

Wie haben Sie passende Partner gefunden?
Einige Firmen kannten wir schon aus unseren bisherigen Lean-Projekten, andere kamen über Empfehlungen hinzu. Diese waren alle offen dafür, es mit IPD zu versuchen.

Wie sind sie vorgegangen?
Die Bausumme von 400 000 Euro war fix, davon gingen einige Festkosten weg. Die restliche Summe stand für das Material und die Honorierung der Arbeitszeit zur Verfügung. Als Erstes haben wir Planer und Unternehmer gefragt, wie viel sie verdienen möchten. Wir einigten uns dann auf rund sechs Prozent. Somit war nach Abzug der Marge klar, was alle Materialien und die Arbeitszeit kosten durften. Wir haben dann gemeinsam die Anzahl der zur Verfügung stehenden und realisierbaren Stunden geprüft und für plausibel befunden.

Wie haben Sie die Zusammenarbeit organisiert?
Wir haben jeder Person das erforderliche Mindset beschrieben und erläutert. Somit war für alle klar, was die Verhaltensprinzipien sind – diese wurden während der ersten sechs Wochen regelmässig wieder thematisiert, sodass dann wirklich jedem klar war, worum es geht. In einem ersten Termin haben wir mithilfe einer Excel-Tabelle alles berechnet und so das Vergütungssystem transparent gemacht – jeder musste nur noch seine Stunden eintragen, und diese haben wir wöchentlich besprochen. Die Tabelle wurde später via Miro-Board laufend nachgeführt. Ebenso legten wir das «Pain & Gain Share» fest. Wir entschieden uns für das System Win-Win oder Loose-Loose. Das heisst: Alles, was über die Zielkosten hinausgeht, teilen Auftraggeber und Partner zu je 50 Prozent, dasselbe gilt bei einem Abschluss unter Kosten. Den Vertrag haben wir am Ende mündlich per Handschlag geschlossen. Ganz im Sinn von Lean gab es danach wöchentliche Meetings, in der Regel online, auch für die Planung der Ausführung.

Welches waren die Messwerte für den Erfolg?
Die Einhaltung der Zielkosten, die Zahl der zu realisierenden Workspaces, die Umsetzung des CI-Designs und auch die Qualität der Möbel sowie deren Funktionalität und natürlich der Fertigstellungstermin.

Wurde alles erfüllt?
Der Termin wurde eingehalten, die Arbeitsplatzzahl sogar übertroffen. Auch bei den Möbeln und dem CI-Design erzielten wir sogar bessere Resultate. Bei den Kosten lagen wir am Schluss 4000 Euro über dem Ziel. Das haben wir uns gemäss Abmachung hälftig geteilt – 2000 Euro übernahmen wir als Auftraggeberschaft, die anderen 2000 Euro wurden vom Gewinn der Unternehmer abgezogen.

Welche Erfahrungen haben Sie mit diesem Mini-IPD-Projekt gemacht?
Es war verblüffend zu sehen, wie wir durch die enge Zusammenarbeit jedes Mal rasch gewerkübergreifende Lösungen gefunden haben. So gelang es uns einmal, innerhalb von nur 30 Minuten mehr als 20 000 Euro einzusparen – das wäre bei einer klassischen Arbeitsweise nicht möglich gewesen. Wir haben aber auch gesehen, dass die Sicherheit eines vorher abgemachten Gewinns sehr beruhigend war und der Offenheit und dem Vertrauen guttat. Insbesondere die Handwerker auf der Baustelle haben mitgezogen, da sie über die Planung mit Lean eng einbezogen waren. Die Offenheit machte es zudem möglich, heikle Punkte anzusprechen – zum Beispiel, wenn jemand in alte Denkmuster verfiel.

D.2 Das Alignment

[Summary]

IPD dreht den üblichen Vertragsprozess in der Bau- und Planungsbranche um: Erst wenn sich alle Beteiligten darüber geeinigt haben, was und wie gebaut wird, schliessen sie miteinander einen Vertrag. Bei der klassischen Projektabwicklung hingegen werden wichtige Parameter – obwohl von den entsprechenden Ordnungen anders vorgesehen – erst nach Vertragsabschluss erarbeitet. Die Umkehrung des bisherigen Prinzips bei IPD bringt viele Vorteile, aber auch Unsicherheiten mit sich, die man als Vertragspartner kennen sollte – beispielsweise bezüglich Rechtsprechung (siehe Seite 123).

Trügerische Sicherheit

Wer im Planungs- und Baubereich tätig ist, kennt die Problematik: Auf den ersten Blick scheinen die Planer- und Werkverträge alles zu regeln und vermitteln beiden Seiten Sicherheit. Doch diese Sicherheit ist trügerisch. Das zeigt ein einfacher Vergleich: Eigentlich unterscheidet sich der Auftrag an den Coiffeur für einen Haarschnitt in seinen Grundzügen nicht von demjenigen an einen Generalunternehmer für den Bau eines grossen Gebäudes. Bei beiden Aufträgen machen die zwei Parteien die Art und den Umfang der Arbeit sowie die Entschädigung dafür miteinander ab. Beim Haarschnitt funktioniert das, da nur ein paar wenige, gut festlegbare und für beide Seiten verständliche Eckpunkte geregelt werden müssen. Ganz anders ein Bauprojekt: Hier will man Tausende zum Teil sehr komplexe Punkte zu einem frühen Zeitpunkt abschliessend klären. Das ist schlicht unmöglich und führt später in der Umsetzung unweigerlich zu Diskussionen, Rechtsstreitigkeiten und einer grossen Unzufriedenheit bei den Vertragspartnern. Zudem lässt sich der Anreiz für Verbesserung kaum im Vertrag abbilden.

Transaktional versus rational

IPD arbeitet nicht mit den klassischen Planer- und Werkverträgen, sondern mit einem einzigen Vertrag für alle relevanten Stakeholder, der die Zusammenarbeit und alle damit verbundenen Bedingungen regelt. Fachleute sprechen dabei auch von einem relationalen Vertrag, im Gegensatz zum transaktionellen Vertragsmodell, das die Basis für heutige Planer- und Werkverträge bildet. Die Unterschiede der beiden Vertragsmodelle zeigen sich in zahlreichen Punkten (siehe Tabelle auf der nächsten Seite).

Klassische Planer- und Werkverträge sind statisch und anreizlos.

Nachteile transaktionaler Verträge

Klassische Planer- und Werkverträge bringen verschiedene Nachteile mit sich:

- Sie sind statisch.
- Sie sind auf Parteiinteressen ausgelegt.
- Sie sind anfällig auf Schnittstellenprobleme.
- Sie sind ohne Anreize.

Merkmale	Transaktionaler Vertrag	Relationaler Vertrag
Fokus	Substanz des Austauschs von Ware/Dienstleistung und Geld, Abgrenzung der Interessengegensätze	Struktur und Prozess der Beziehungen zwischen den Vertragsparteien
Dauer, Zeitraum der Vereinbarung	Kurzfristig	Längerfristig
Ausgangssituation	Regelung aller Eventualitäten, es werden keine Probleme erwartet.	Probleme, die auftreten, werden gemeinschaftlich und kooperativ gelöst.
Detaillierungsgrad des Austauschobjekts (Vertragsgegenstand)	Exakt bis ins Detail definiert	Nicht eindeutig bis ins Detail definiert
Verbindlichkeit der Planung	Absolut verbindlich	Nur vorläufig
Zeitliche Feststellung	Die Zukunft wird in der Gegenwart fixiert.	Die Gegenwart wird in die Zukunft reflektiert.
Anzahl Vertragspartner	Begrenzt	Unbegrenzt
Anzahl Projektbeteiligter, die im Austausch stehen	Zwei Beteiligte	Mehr als zwei Beteiligte
Personelle Interaktion	Begrenzt	Unbegrenzt
Informationsfluss	Informationen werden zur Absicherung eigener Interessen zurückgehalten.	Der frühzeitige und nachhaltige Informationsaustausch dient dem Erreichen des Projektziels.
Kommunikation	Begrenzt	Offen, ausführlich, formell und informell
Transaktionskosten	Meist hoch	Geringer
Wertmessung	Monetär	Monetär und nicht monetär
Risikoverteilung	Das Risiko wird übertragen auf den Auftragnehmer, dieser delegiert die Risiken zum Teil an Subunternehmer.	Die Risiken werden gemeinsam vom Team getragen (Risiken sollen wenn möglich gelöst bzw. vermieden werden).
Lokalisierung, Management der Risiken	Oft bei der Partei, die am wenigsten dafür geeignet ist	Bei der Partei, die am besten qualifiziert ist, das spezifische Risiko zu tragen
Konfliktlösung	Häufig durch Dritte	Bilateral, Einigung zwischen den Vertragspartnern
Vertragscharakter	Statisch, unflexibel	Dynamisch, flexibel
Optimierungsziel	Lokal	Global

Quelle: Dipl. Wi.-Ing. Annett Schöttle, Institut für Technologie und Management im Baubetrieb, Karlsruhe; aus Vorlesung Nesensohn, Bauprozessmanagement Master, HFT Stuttgart

Gemeinsame Werte festlegen

Welche Ziele sollen mit dem Projekt erreicht werden? Welche Werte sind mit dem Projekt verknüpft? Wie arbeiten wir zusammen? Wie werden die Beteiligten entschädigt? Wie sehen mögliche Benefits aus und nach welchem Schlüssel werden sie verteilt? Wie lösen wir mögliche Differenzen? Diese und weitere Fragen müssen ganz zu Beginn eines IPD-Projekts unter den Stakeholdern ausdiskutiert werden. Im Kern geht es darum, eine gemeinsame Wertehaltung zu finden, mit der die Ziele des Projekts erreicht werden sollen. Alignment (Ausrichtung) wird diese Phase im Englischen denn auch genannt; an ihrem Ende steht der Abschluss eines Mehrparteienvertrags (Allianzvertrag), der alle wichtigen Punkte regelt. Das Alignment ist deshalb das Kernelement eines IPD-Projekts und benötigt entsprechend viel Zeit. Erst wenn alle Punkte zur vollen Zufriedenheit aller Stakeholder gelöst sind, kann aus dem Alignment ein tragfähiger Vertrag werden.

Vorbild Schweizer Demokratie

Das demokratische System der Schweiz mit starken Volksrechten und einer Regierung ohne Opposition, in der Vertreter verschiedener Parteien kollegial zusammenarbeiten, ist eine gute Vorlage für IPD, gerade für Projekte in der Schweiz ein Vorteil. Denn Schweizerinnen und Schweizer sind es gewohnt, schwierige (politische) Fragen so lange zu diskutieren, bis ein mehrheitsfähiger Konsens – oder zumindest ein Konsent (siehe Seite 77) – gefunden ist. Auch wenn die Zeit für die nötigen Diskussionen lang sein mag, geht es dafür nachher umso schneller voran – gerade wie bei einem IPD-Projekt, bei dem die ersten Phasen mit ausführlichen Diskussionen (Alignment) ebenfalls zeitintensiv sind.

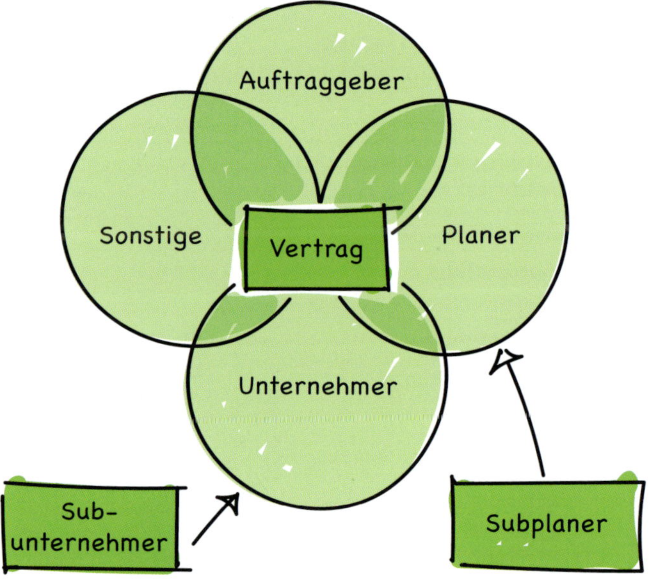

Grafik 27
Bei IPD-Projekten sind alle wichtigen Stakeholder in einen einzigen Mehrparteienvertrag eingebunden.
Quelle: refine Schweiz AG, Zürich

Best Practice

Kein Alignment ohne Coaching

Beim ersten IPD-Projekt ist das Alignment für alle Beteiligten Neuland. Nachdem jahrelang jeder in erster Linie für sich selber schauen musste, sollen nun plötzlich alle mit maximaler Offenheit zusammenarbeiten – ein schwieriger Prozess, der professionelle Begleitung braucht. Deshalb sollten Sie bei Ihren ersten IPD-Projekten unbedingt einen versierten und neutralen Coach beiziehen. Das Geld dafür ist aus zwei Gründen gut angelegt: Zum einen spart ein gut aufgegleistes IPD-Projekt später Geld – etwa durch eine rasche Realisierung oder das Vermeiden von Leerläufen, zum andern kann das Scheitern des Projekts Folgekosten nach sich ziehen, die höher ausfallen als das Honorar eines Coaches.

Respekt und Vertrauen

Im Gegensatz zu einem klassischen, bilateralen Vertrag für Planende oder Ausführende regelt ein Mehrparteienvertrag relativ wenig abschliessend. Die Basis von IPD sind vielmehr gegenseitiger Respekt und Vertrauen. Letzteres entwickelt sich über verschiedene Ebenen hinweg und lässt sich auf unterschiedlichen Stufen erreichen:

- Systembasiertes Vertrauen – beispielsweise in Form von Verträgen und Regeln
- Erkenntnisbasiertes Vertrauen – etwa im Rahmen von Interaktionen in einem Workshop
- Affektbasiertes Vertrauen – zum Beispiel durch den Aufbau und die Pflege persönlicher Kontakte
- Kontextbasiertes Vertrauen – etwa durch das Gefühl «wir sitzen zusammen in einem Boot»

Vertrauen ist nicht einfach von Beginn an vorhanden, sondern baut sich langsam auf. Dabei werden jeweils vier Schritte durchlaufen (siehe Grafik 28). Die Vertrauensbildung lässt sich durch geeignete Massnahmen fördern, etwa durch den regelmässigen Austausch unter den Beteiligten und eine maximale gegenseitige Transparenz.

Unsicherheit hinsichtlich der Zukunft → Start der Vertrauensbildung → Vertrauensentwicklung → Anpassung des Vertrauensniveaus

Grafik 28
Die vier Stufen der Vertrauensbildung.

Aufbruch jetzt!

Die Rationalität des Verhältnisses vieler Auftraggeber zur integrierten Projektabwicklung ist fragwürdig. Einerseits sieht man dringenden Bedarf, die Projekte vom Kopf auf die Füsse zu stellen, andererseits steht man naheliegenden Massnahmen äusserst skeptisch gegenüber. Was sind die Gründe? Neben individuellen Vorbehalten gibt es die Befürchtung, das Projekt aus der Hand zu geben. Hintergrund dafür sind sowohl das innovative Vergütungsmodell als auch die kollaborative Form der Entscheidungsfindung. Zudem scheut man die intensive Projektstartphase, in der man die besten Beteiligten für das Projektteam auswählen muss. Nachvollziehbar sind diese Vorbehalte indes nicht. Das Vergütungsmodell schafft einen handfesten Anreiz, die Projektziele zu möglichst geringen Kosten umzusetzen, und sorgt für eine Selbstkontrolle unter den Beteiligten. Dass alle Projektpartner Entscheidungen gemeinsam treffen, stellt sicher, dass sich die beste Lösung durchsetzt, und fördert nebenbei den Teamgedanken.

Auch das Auswahlverfahren der Projektbeteiligten ist auf den Grundsatz «best for project» ausgelegt. Gerade bei grossen und komplexen Projekten wird ein vernünftiger Auftraggeber nicht einfach die günstigsten, sondern die qualitativ hochwertigen, auf die Projektumsetzung fokussierten, kommunikativ starken und teamfähigen Partner haben wollen. Die Erfahrungen in laufenden Projekten zeigen, dass ein funktionierendes Team den Schlüssel zum Erfolg darstellt. Ist das Team intakt, ist das Einhalten von Kosten, Terminen und Qualität realistisch. Weniger realistisch – das haben die vergangenen Jahrzehnte gezeigt – ist es, mit klassischem juristischem Handwerkszeug Projekte auf einen guten Weg bringen zu wollen. Starre Verpflichtungen sowie Sanktionen sind nicht zeitgemäss und werden der Komplexität heutiger Bauprojekte nicht gerecht.

Der erfolgreiche anwaltliche Berater muss sich künftig darauf einlassen, als Coach bei der Gestaltung von Prozessen und Werkzeugen und bei der Moderation unternehmensübergreifender Teams mitzuwirken. Flexiblen, anreizbasierten und integrativen Vertragsmodellen gehört die Zukunft. Weg vom Vertrag als Munitionskiste, hin zum Vertrag als Spielanleitung. Rückt dies in das Bewusstsein der mit Bauprojekten befassten Juristen und sind Auftraggeber bereit, ihre Projekte entsprechend auszurichten, wird sich der Erfolg von Bauvorhaben und ganz nebenbei der Spass daran wieder einstellen.

Ulrich Eix, Rechtsanwalt und Partner für Bau- und Immobilienrecht im Stuttgarter Büro der Wirtschaftskanzlei LUTZ I ABEL

Werk- und Planerverträge

Klassische Werk- oder Planerverträge gibt es in IPD-Projekten nicht. Der Mehrparteienvertrag (Allianzvertrag) ersetzt im Idealfall alle anderen Verträge zwischen Auftraggeberschaft, Planenden und Ausführenden. Branchenübliche Planer- oder Werkverträge werden höchstens mit einzelnen Firmen abgeschlossen, die nicht Teil der Allianz sind. Etwa mit Subplanern für einzelne Aufträge oder mit Subunternehmern, die kleinere Arbeiten ausführen.

Best Practice

Kein Juristendeutsch

Ein Mehrparteienvertrag soll möglichst einfach verständlich abgefasst sein. Also kein Juristendeutsch, sondern klar formulierte Spielregeln, die von allen Vertragsparteien einzuhalten sind.

Handshake oder Papier – Vertragsformen

In welcher Form ein Mehrparteienvertrag abgeschlossen wird, ist grundsätzlich den Parteien überlassen. Theoretisch genügt schon ein Händedruck zwischen allen Beteiligten; in der Regel wird aber ein Vertragspapier erarbeitet und von den Stakeholdern unterzeichnet. Eine weitere Möglichkeit ist die Gründung einer Firma, an der alle beteiligt sind. Die relevanten Punkte – etwa die Aufteilung von Überschüssen und Defiziten – werden dann beispielsweise im Aktionärsbindungsvertrag geregelt. Nach Abschluss des Projekts liquidiert man das Unternehmen wieder.

Die wichtigsten Elemente eines Mehrparteienvertrags

Ein Mehrparteienvertrag für ein IPD-Projekt muss im Minimum Regelungen für folgende Punkte enthalten:

- Projektziele (IPD-Grundsätze, Teilphasen)
- Kostenziele (Monitoring, Anpassung)
- Aufgaben, Verantwortung, Schlüsselpersonal
- Kollaborations- und Integrationsverpflichtung
- Haftungsbeschränkung
- Konfliktlösungsmechanismen (Einstimmigkeitsgebot)
- Regelung für den Ausstieg eines Vertragspartners
- Vergütung der Beteiligten (Pain & Gain Share)
- Verteilung von Defiziten und Überschüssen
- Kontrolle und Dokumentation der Finanzflüsse
- Haftungsaussschluss («no blame, no disputes»)
- Urheberrechte
- Versicherungen
- Termine

Rechtliche Grundlagen

Sowohl in der Schweiz als auch in Österreich und Deutschland besteht im Privatbereich grundsätzlich Vertragsfreiheit. Auftraggeber und Auftragnehmer dürfen deshalb auch Mehrparteienverträge miteinander abschliessen, solange diese keinen Passus enthalten, der dem jeweiligen Landesrecht widerspricht. Heikler sind IPD-Projekte und die zugehörigen Ausschreibungen sowie Verträge, wenn die öffentliche Hand als Auftraggeberin agiert. Hier müssen zwingend die Vorgaben des öffentlichen Beschaffungsrechts eingehalten werden. Diese schliessen aber IPD-Projekte mit Mehrparteienverträgen nicht aus (siehe Box).

In sechs Schritten zum Mehrparteienvertrag

Der Weg zum Allianzvertrag führt in der Regel über die folgenden sechs Schritte:

1. **Business Case definieren:** Die Beteiligten (Auftraggeberschaft, wichtigste Planende, evtl. wichtigster Unternehmer) legen unter Federführung der Auftraggeberschaft den Business Case für das Projekt fest.
2. **Wahl des Vertragstyps:** In einem Workshop werden gemeinsam die Ziele des Projekts definiert sowie die Chancen und Risiken ermittelt. Zum Schluss wird der Vertragstyp ausgewählt.
3. **Erweiterung des Teams:** Weitere Planende sowie Ausführende von Schlüsselgewerken reichen Angebote ein, werden ausgewählt und schliesslich ins IPD-Team integriert.
4. **Workshop Vertrag:** Die gemeinsamen Werte und Ziele werden erarbeitet, der Vertrag wird finalisiert.
5. **Preisverhandlung:** Alle Beteiligten legen die Kosten für ihre Arbeit offen, diese werden konsolidiert und in den Vertrag integriert.
6. **Vertragsunterzeichung:** Der von allen validierte Vertrag wird unterzeichnet, anschliessend wird das Projekt umgesetzt.

IPD und die öffentliche Hand

Auf den ersten Blick scheinen sich die frühe und enge Zusammenarbeit aller Beteiligten in einem IPD-Projekt und die Richtlinien für das öffentliche Vergabewesen diametral zu widersprechen. Zahlreiche Beispiele in Deutschland, Österreich und den skandinavischen Ländern zeigen aber, dass das Beschaffungsrecht durchaus Spielraum lässt, um Projekte mit IPD zu realisieren. So haben etwa die öffentliche Hand, aber auch die Deutsche Bahn bereits verschiedene Bauaufgaben mit IPD vergeben, und in Finnland sowie Norwegen wurden zahlreiche grosse Infrastrukturprojekte auf diese Weise realisiert (siehe Beispiel Seite 70). Auftraggeber der öffentlichen Hand verfügen im deutschsprachigen Raum erst vereinzelt über Erfahrungen mit IPD, und auch die Zahl der Planenden und Unternehmen, die schon damit gearbeitet haben, ist sehr überschaubar. Deshalb können derzeit sowohl Aufträge für das Coaching eines IPD-Projekts als auch für die konkrete Umsetzung in den meisten Fällen ohne Verletzung des öffentlichen Beschaffungsrechts vergeben werden.

So schaffen beispielsweise das seit Anfang 2021 in der Schweiz gültige Bundesgesetz über das öffentliche Beschaffungsswesen (BöB) sowie die zugehörige Verordnung (VöB) einen grösseren Spielraum für die öffentliche Vergabe, was auch IPD-Projekten entgegenkommt. So wird etwa der Qualitätswettbewerb gegenüber dem Preiswettbewerb gestärkt, und der Zuschlag erfolgt neu an das «vorteilhafteste Angebot» und nicht mehr an das «wirtschaftlich günstigste» Angebot. Weiter kann eine grössere Bandbreite an Formen der Zusammenarbeit zugelassen werden.

Best Practice

Achtung, Rechtsunsicherheit!

Mit einem Mehrparteienvertrag für die Planung und Realisierung eines Bauprojekts entfallen die klassischen Planer- und Werkverträge. Während für diese eine bewährte Rechtsprechung existiert, gibt es für Mehrparteienverträge im deutschsprachigen Raum noch keine Leiturteile. Kommt es aus einem solchen Vertrag heraus zu einem Rechtsstreit, wird sich ein Gericht auf das geltende Recht, auf die Usanzen in klassischen Verträgen sowie unter Umständen auch auf branchenübliche Normen beziehen und nicht auf die Abmachungen im Mehrparteienvertrag. Als Stakeholder eines IPD-Projekts sollten Sie sich dieser Thematik und der daraus möglicherweise entstehenden Folgen bewusst sein und diese in Ihre Risikoabwägungen einbeziehen.

So viel wie nötig – das Vergütungsmodell

IPD beinhaltet eine faire Bezahlung aller Beteiligten. Sämtliche Planenden und Ausführenden zeigen auf, welchen zeitlichen und materiellen Aufwand ihre Arbeit verursacht. Darauf basierend wird die Entschädigung festgelegt. Dadurch entfällt der übliche Preiskampf zur Eroberung eines Auftrags. Um trotzdem einen Anreiz zu schaffen, das Projekt besonders gut und zu einem für die Auftraggeberschaft interessanten Preis zu realisieren, wird zu Beginn eine Bonus-Malus-Regelung vereinbart. Wichtig: Ganz zu Beginn des Projekts muss definiert werden, wie die Entschädigung aller Beteiligten bis zum Vertragsabschluss aussieht – auch für den Fall, dass das Projekt nicht weitergeführt wird.

Bonus und Malus / Pain & Gain Share

Ein Ziel eines IPD-Projekts ist es, ein Bauwerk zu realisieren, das auch wirtschaftlich die Vorgaben der Auftraggeberschaft erfüllt oder sie gar übertrifft. Um dies zu erreichen, vereinbaren die Beteiligten zu Beginn gemeinsam Benchmarks, die Teil des Vertrags sind. Werden die gesetzten Ziele erfüllt, erhalten alle nach einem ebenfalls vorab festgelegten Schlüssel eine Bonuszahlung (siehe auch Seite 66). Umgekehrt wird festgehalten, wie die Mehrkosten aufgeteilt werden, falls die Benchmarks nicht erreicht werden.

43
44
46
47
48
49
50
51
52
3
4
5
7
8
9
10
11
12
13
14
15
BEGINN AUSHUB
BETRIEBS-FERIEN ETH
BEGINN UG + BP
PRODUKTION FASSADE
PRODUKTION DACH
MONTAGE HOLZBAU
LEHMBAU
FLACHDACH DETAILS
Versand SUB HKLS
BauKo

D.3 Der Instrumentenkoffer für IPD

[Summary]

Die klassischen Instrumente für die Planung und die Ausführung von Projekten reichen bei IPD nicht aus, um dem kollaborativen Grundgedanken gerecht zu werden. Damit es wirklich klappt, müssen verschiedene zeitgemässe Instrumente konsequent genutzt und sinnvoll miteinander kombiniert werden. In der Planungsphase beispielsweise Lean Construction, das Last Planner System, ICE, BIM und VDC, in der Ausführungsphase zusätzlich die Vorproduktion von Bauteilen und die Planung der Bauarbeiten in einem geeigneten Produktionssystem gemäss den Prinzipien von Lean Construction.

Kollaboration, Simulation und Information

Für ein erfolgreiches IPD-Projekt sind verschiedene Instrumente unabdingbar: Dazu gehören einerseits die Kompetenzen der Beteiligten und andererseits die Nutzung von digitalen Werkzeugen, die eine integrierte Form der Zusammenarbeit vereinfachen oder überhaupt erst möglich machen. Sie umfassen die Bereiche Kollaboration, Simulation, Produktion und Information.

Instrument 1: die Kompetenz

Die Mitarbeitenden der Unternehmen, die eng zusammen an einem IPD-Projekt arbeiten, benötigen drei Kernkompetenzen:

- Methodenkompetenz
- Fachkompetenz
- Sozialkompetenz

Während sich die Fach- und die Methodenkompetenz einfach verbessern lassen, ist dies bei der Sozialkompetenz schwieriger oder nicht möglich – denn hier geht es vor allem um Charaktereigenschaften einer Person. Wer etwa eher kontaktscheu ist oder dazu neigt, Fehler anderen anzuhängen, wird dieses Verhalten nicht einfach ablegen können.

Sozialkompetenz hat bei IPD einen hohen Stellenwert.

Instrument 2: die ICE-Sessions

Die gemeinsame Lösungsfindung in multidisziplinären Arbeitsgruppen ist ein Kernelement von IPD. Ein bewährter Ansatz dazu sind sogenannte ICE-Sessions (Integrated Concurrent Engineering, siehe auch Seite 187). Die Methode basiert auf Zusammenarbeitsmodellen, die von der NASA in den 1990er-Jahren erfunden und an der Universität Stanford weiterentwickelt

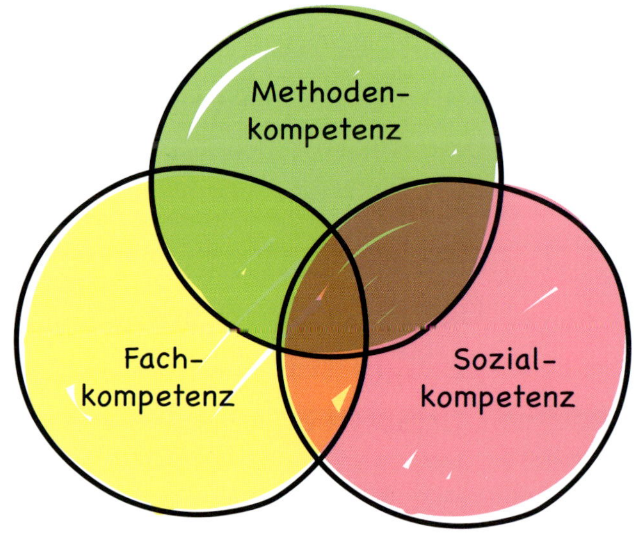

Grafik 29
Die drei Kernkompetenzen für Mitarbeitende an IPD-Projekten.
Quelle: refine Schweiz AG, Zürich

Best Practice

Kompetenz als Auswahlkriterium

Überlegen Sie sich bei der Auswahl von Mitarbeitenden, die Teil eines IPD-Teams werden sollen, immer, ob diese in allen drei Bereichen (siehe Grafik 29) über die nötigen Kompetenzen verfügen. Kommen mehrere Mitarbeitende für dieselbe Funktion infrage, sollten Sie die Person wählen, die über die grösste Sozialkompetenz verfügt.

ICE-Sessions müssen geplant sein

Die gemeinsame Arbeit der Planenden am Projekt ist nicht einfach ein Jeder-kann-spontan-Mitmachen, sondern verlangt eine gute Vorausplanung und Führung. Bei jeder Session muss im Voraus klar sein, an welchen Bereichen des Projekts gearbeitet wird und was das Ziel des Treffens ist. Diesen Job übergeben Sie am besten einer geeigneten Person aus dem Team oder einem Lean-Coach.

wurden. Dabei treffen sich alle für eine Phase relevanten Planenden regelmässig an einem Ort – beispielsweise im Big Room (siehe Seite 187) – und erarbeiten dort miteinander Lösungen. So wird die geballte Wissenskraft aller Beteiligten genutzt, um neue, einfachere und zielführendere Ansätze zu entwickeln. Zudem ist sichergestellt, dass alle ins Projekt Involvierten denselben Wissensstand haben. Meist wird in technisch speziell dafür ausgerüsteten Räumlichkeiten direkt am BIM-Modell gearbeitet.

Instrument 3: das BIM-Modell

Für IPD ist das BIM-Modell ein unabdingbares Instrument. So versinnbildlicht etwa das gemeinsame Datenmodell die neue Form der Zusammenarbeit, vereinfacht sie oder macht sie überhaupt erst möglich (etwa bei ICE-Sessions). Ausserdem ist BIM ein wichtiges Element für die spätere, möglichst reibungslose Ausführung der Arbeiten – etwa weil Konflikte bereits in der Planung behoben werden können (Clash Detection).

Instrument 4: Lean Construction

Ein reibungsloser, termingerechter Ablauf der Bauarbeiten ohne Leerläufe ist ein Ziel von IPD. Gängige Abläufe auf Baustellen bieten dafür keine Garantie. Der Einsatz von Lean Construction (siehe Seite 187) ist deshalb ein wichtiges Instrument. Es bindet die Ausführenden eng in die Planung der Bauabläufe ein, verhindert Leerläufe und Konflikte auf der Baustelle, versorgt alle Beteiligten mit den relevanten Informationen, vereinfacht die Qualitätssicherung und zeigt, ob sich das Projekt terminlich im gesetzten Rahmen bewegt.

Instrument 5: Off-Site-Construction und Assembling

Die Vorproduktion von Bauteilen im Werk (Off-Site-Construction) sowie deren Zusammensetzen auf der Baustelle (Assembling) vereinfachen und beschleunigen den Bauprozess und erhöhen die Ausführungsqualität. Zudem

ist die Fertigung von Bauteilen im Werk – zum Beispiel in Form von Elementen oder Modulen – die logische Weiterführung der Arbeit am BIM-Modell. Dieses liefert alle nötigen Angaben dafür. Moderne Werke für die Vorproduktion von Bauteilen, etwa aus Holz, zeigen, dass diese Bauweise heute der klassischen Umsetzung auf der Baustelle in vielen Bereichen überlegen ist – ohne dass die Individualität eines Bauwerks dabei auf der Strecke bleibt. Denn dank der digitalen Produktionskette mit BIM und Robotertechnik lassen sich individuelle Einzelbauteile heute ebenso einfach und rationell fertigen wie grosse Serien identischer Module. Vorraussetzung für eine erfolgreiche Vorfertigung und das Zusammenfügen auf der Baustelle sind Unternehmen mit entsprechender Erfahrung in der Planung passender Bauteilgrössen, der Einrichtung für die möglichst effiziente Fertigung sowie dem Know-how für den Transport und die Montage vor Ort.

Instrument 6: Information

Nur wer den gleichen Informationsstand hat wie alle anderen Beteiligten, kann seinen Beitrag zu IPD leisten. Gleichzeitig ist ein guter Informationsfluss unabdingbar für die Transparenz (siehe auch Seite 155). Damit die Informationen fliessen, müssen von Beginn an verschiedene On- und Offline-Kanäle etabliert und regelmässig bespielt werden. Diese reichen von Aushängen in Papierform im Big Room über regelmässige Treffen in verschiedenen Konfigurationen bis hin zu digitalen Plattformen. Welche Informationen wie und in welcher Kadenz geteilt werden sollen, ist bei jedem Projekt individuell festzulegen.

Instrument 7: Baulogistik

Mit BIM kann ein Bauwerk zwar virtuell erstellt werden und mithilfe von Lean lassen sich die Arbeitsabläufe minutiös planen. Zusätzlich braucht es jedoch eine ausgefeilte Planung der Baulogistik, um die Symbiose der drei Bereiche zu vervollständigen. Dieser Aspekt ist nicht zu unterschätzen, denn auf einer Baustelle müssen grosse Mengen an Material umgeschlagen werden, gleichzeitig bilden der oft dichte Verkehr an zentralen Lagen sowie

Best Practice

IPD und die Quality-Gates

Wie bei jedem anderen Projekt muss die Qualität eines IPD-Projekts laufend geprüft werden. Dazu werden – analog zur klassischen Realisierung eines Bauwerks – vorab Qualitätskriterien und Prüfzeitpunkte (Quality-Gates) festgelegt. Bei IPD-Projekten steht über allem aber ein zentrales Qualitätskriterium: best for project. Bei jedem Projektschritt, bei jedem wichtigen Entscheid wie auch bei der Auswahl von Schlüsselpersonen steht immer die Frage im Raum: Erreichen wir mit unserem Entscheid das Beste fürs Projekt? Dabei ist es die Aufgabe des externen Coaches, das IPD-Team immer wieder zu zwingen, sich der Best-for-Project-Frage zu stellen und bei einer negativen Antwort andere Lösungen zu suchen.

Zahlen und Fakten zur Baulogistik

Untersuchungen aus der Branche zeigen, dass eine ausgereifte Baustellenlogistik ...
... 15% Emissionen reduziert.
... 20% effizientere Prozesse ermöglicht, allein weil darüber diskutiert wird.
... 35% Baustellenverkehr reduziert.
... 25% mehr Lieferstabilität ermöglicht.
... 85% weniger Expresslieferungen verursacht.

* Quelle: Amberg Loglay AG, Zürich, 2022

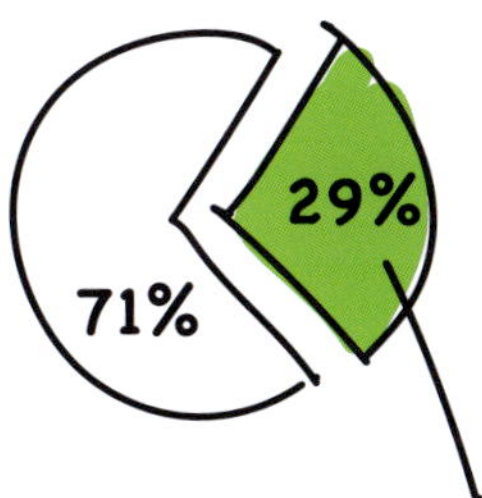

Grafik 30
Fast 30 Prozent der Arbeitszeit eines Unternehmens im Baubereich werden für logistische Tätigkeiten aufgewendet.

die meist engen Platzverhältnisse auf Baustellen Hindernisse. Logistiker können mit passenden Softwaretools die Mengen sowie die nötigen Daten ermitteln und die Materialflüsse sichtbar machen. Darauf basierend kann dann von den Spezialisten ein massgeschneidertes Logistikkonzept erarbeitet werden. Ein solches trägt zudem zur Senkung der Baukosten bei. Erfahrungen von Logistikspezialisten zeigen nämlich, dass 30 Prozent der Arbeiten auf einer Baustelle der Logistik dienen. Kann der Aufwand dafür reduziert werden, sinkt die Zahl der Arbeitsstunden. Der frühzeitige Beizug von Logistikspezialisten ist daher auch eine Investition in tiefere Baukosten. Die Logistikplanung ergänzt dabei BIM und Lean zu einem funktionierenden Informationsdreieck.

Eine immer wichtigere Rolle bei der Logistik spielen sogenannte Konsolidierungscenter sowie die antizyklische Anlieferung. In den Centern – meist Lagerflächen an der Peripherie der Stadt – werden die Materialien für die Baustelle angeliefert und gesammelt. Die Lieferung auf die Baustelle erfolgt dann in auf den Lean-Prozess abgestimmten Portionen. Dank der Konsolidierung der Materialien wird die Zahl der Fahrten durch den dichten Stadtverkehr minimiert, und auf der Baustelle selber wird weniger Platz für die Zwischenlagerung benötigt. Zudem ermöglicht das Konsolidierungscenter, die Anlieferung auf die Baustelle in verkehrsarmen Zeiten durchzuführen (antizyklische Anlieferung).

Weitere Bausteine für IPD

Neben den hier aufgezählten Instrumenten braucht es als weitere Bausteine für ein IPD-Projekt alle im Simple Framework (siehe Seite 16) genannten Elemente. Dazu zählen etwa die integrierten Systeme und Prozesse sowie die messbaren Werte.

«Ein erfolgreiches IPD-Projekt ist nur in einer Symbiose von BIM, Lean und Logistik möglich. Dies in einer digitalen Schnittstelle abzubilden, ist der entscheidende Erfolgsschlüssel.»

Matthias Gehrig, COO – Digital Planning and Strategy, Amberg Loglay AG, Zürich (CH)

z.B.

Bürogebäude Sunnyvale, Palo Alto (USA)

D
3

Auftraggeberschaft:	Palo Alto Medical Foundation, Palo Alto
Schlüsselunternehmen:	HPS, Palo Alto (Architektur), DPR, Sacramento (Ausführung)
Weitere wichtige Beteiligte:	+Risk/Reward Pool, Palo Alto, The Engineering Enterprise, Sacramento, KPFF Consulting Engineer, San Francisco, TEECOM, San Francisco, Capital Engineering, Sacramento, Southland Industries, Sacramento, Redwood Electric Group, Santa Clara, Schuff Steel, Phoenix, Brady Company, Milwaukee, J. W. McClenahan Company, Sacramento
Investitionsvolumen:	160 Mio. CHF
Ausführung:	November 2010 – August 2013
Ergebnisse:	• Der gemeinsame Projektleiter seitens des Auftraggebers für die Projekte in Palo Alto und Los Gatos war eine Schlüsselfigur. • Der Einbezug von Personen und Unternehmen, die bereits mit dem Projektleiter des Auftraggebers gearbeitet hatten, war ein wichtiger Faktor. Vor allem auch, um neue Teammitglieder in die kooperative Arbeit einzuführen. • Der Vertreter speziell für die späteren Nutzenden seitens des Auftraggebers lieferte wichtige Inputs. Der Pool der Unterzeichnenden des IPD-Vertrags umfasste Eigentümer, Architekt und Bauunternehmer. • Der Incentive-Pool umfasste vier Ingenieurbüros und fünf Handelspartner.

D.4 Changemanagement

[Summary]

Mit IPD werden die Beteiligten Teil einer komplett neuen Form der Zusammenarbeit und der vertraglichen Bindung untereinander. Damit dies erfolgreich ist, muss sich jedes einzelne Unternehmen dafür fit machen und frühzeitig den notwendigen Changeprozess einleiten. Bewusst machen sollte man sich dabei auch, dass das erste IPD-Projekt unter Umständen nicht zur vollsten Zufriedenheit gelingt. Das ist aber kein Grund, aufzugeben. Vielmehr lohnt es sich, die Fehler zu analysieren und die Erfahrungen daraus in weitere IPD-Projekte einfliessen zu lassen.

Kehrtwende rechtzeitig einleiten

IPD ist eine Kehrtwende um 180 Grad gegenüber den heutigen Planungs- und Bauabläufen und erfordert einen Changeprozess bei den beteiligten Unternehmen (siehe Box). Denn mit der bisherigen Denkweise und den bestehenden Strukturen lässt sich ein IPD-Projekt nicht erfolgreich stemmen. Ein Beispiel: Mitarbeitende, die es bisher gewohnt waren, Lücken in Werkverträgen zu suchen und Claim Management zu betreiben, können nicht von einem Tag auf den andern mit voller Transparenz gemeinschaftlich mit der Auftraggeberschaft und weiteren Beteiligten arbeiten. Der Weg dorthin lässt sich langsam oder schnell bewältigen, als Evolution oder als Revolution.

Revolution oder Evolution?

Die Erfahrung aus anderen Branchen zeigt: Wer die ausgetretenen Pfade rasch verlassen und bei neuen Geschäftsideen oder Methoden ganz vorn mit dabei sein will, muss disruptiv oder revolutionär handeln (siehe Grafik 31), sich vom Kerngeschäft lösen und quasi zum «freien Radikal» werden. Dessen Kerneigenschaft ist es, überall und ohne den Ballast aus dem Kerngeschäft andocken zu können. Je nach Art des Unternehmens ist dazu unter Umständen auch eine Abspaltung, etwa in Form eines Spin-offs, notwendig (siehe Seite 90). Erreichen lässt sich dasselbe Ziel grundsätzlich auch via Evolution und den Umweg über das wandelbare Kerngeschäft. Doch dieser Weg ist lang und es besteht das Risiko, dass die Evolution ins Stocken gerät. Dann resultiert maximal eine Abwandlung des Kerngeschäfts.

Prozesse in der richtigen Reihenfolge anpacken

Oft werden Changeprozesse, wie es sie auch für IPD braucht, in der verkehrten Reihenfolge angepackt: Man beschafft neue Arbeitsinstrumente (Technologie), bildet dann die Leute dazu aus, merkt plötzlich, dass die internen Prozesse auch noch angepasst werden müssen, und ganz am Schluss stellt sich heraus, dass man gar nicht so genau weiss, was man eigentlich mit

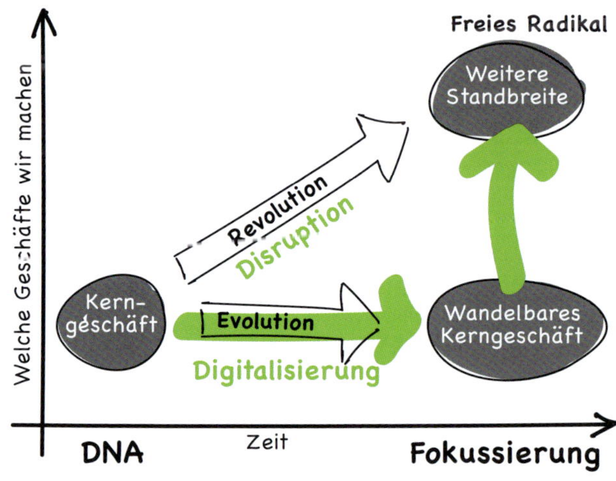

Grafik 31
Nur mit Disruption respektive Revolution können neue Wege gefunden werden.
Quelle: Company Factory, Zürich

Best Practice

Aufstehen und weitermachen

Eine Erfolgsgarantie gibt es auch für IPD nicht. Das erste Projekt kann bereits bestens funktionieren, es kann aber auch holprig laufen oder gar scheitern. Ein Grund, um einfach wieder ins alte Fahrwasser zurückzukehren, sollte das aber nicht sein. Vielmehr empfiehlt sich nach einem gescheiterten Projekt:

- Geben Sie nicht auf.
- Analysieren Sie das Projekt und ziehen Sie die Lehren daraus.
- Wagen Sie einen zweiten Versuch.

Kochrezept für Changeprozesse

Für die Mitarbeitenden in einem Unternehmen bringt der Wechsel zu IPD teils starke Veränderungen in der Arbeitsweise mit sich. Was heute noch Geschäftsprinzip ist, gilt morgen nicht mehr. Sinnvollerweise werden die Mitarbeitenden nicht einfach ins kalte Wasser geworfen, sondern rechtzeitig auf den Wechsel vorbereitet.

Dabei kann man in sieben Schritten vorgehen:

1. Ziel der Veränderung definieren
2. Erforderliche Schritte definieren
3. Interessengruppen einbeziehen
4. Roadmap für die Veränderung erstellen
5. Mögliche Hindernisse früh erkennen
6. Fortschritte prüfen und überwachen
7. Erfolg teilen

den neuen Instrumenten erreichen wollte. Sprich: Das Businessmodell fehlt. Erfolgreiche Changeprozesse laufen deshalb gerade in der umgekehrten Reihenfolge ab: Businessmodell → Prozesse → Leute → Instrumente (siehe auch Grafik 32).

Ausgetretene Pfade verlässt man am einfachsten mit disruptiven Prozessen.

Grafik 32
Zielführende Zusammenarbeitsmodelle gehen immer vom Menschen aus.

«Durch die gemeinsame Gewinnaufteilung und die Risikostreuung wird der Gedanke ‹best for project› gefördert und es bietet sich die Chance, in Zukunft Bauprojekte wesentlich kooperativer sowie effizienter abzuwickeln.»

Gottfried Mauerhofer, Professor für Baumanagement an der Technischen Universität Graz (A)

D.5 Die physische Zusammenarbeit

[Summary]

Die physische Zusammenarbeit aller Beteiligten ist ein Pfeiler für den Erfolg von IPD. Ort und Zahl der Beteiligten variieren dabei von Projektphase zu Projektphase. Zu Beginn braucht es beispielsweise Workshops, in der Entwicklungsphase dann die Zusammenarbeit vor Ort im Big Room – mit Vorteil in nächster Nähe zum Projektstandort. Ergänzt wird die physische Zusammenarbeit optimalerweise durch digitale Werkzeuge, die einen laufenden Gedankenaustausch ermöglichen und den Informationsfluss sicherstellen.

Shops, Sessions und Rooms

Die englische Übersetzung des Worts «integrated» (siehe Box) zeigt es: IPD verlangt eine enge Zusammenarbeit, in der alle relevanten Beteiligten eingebunden sein müssen. Erfahrungsgemäss funktioniert das am besten in persönlichen Gesprächen. Diese starten bereits ganz früh in Form von Workshops, denen später ausführliche Working Sessions folgen. In diesen beiden Phasen kann der Durchführungsstandort frei gewählt werden – etwa in den Räumen des Architekten, der Auftraggeberschaft oder in externen Räumen, die ein motivierendes Umfeld für die intensive Arbeit bieten.

Spätestens mit dem Abschluss des endgültigen Allianzvertrags und dem Start der Ausführungsplanung sind eigene Räumlichkeiten für das IPD-Team, inklusive eines Big Room, unabdingbar. Die Erfahrung zeigt: Diese Räumlichkeiten sollten sich nahe beim Bauplatz befinden, am besten mit Blick auf die Baustelle.

Das Herzstück: der Big Room

Das Konzept des Big Room wurde einst von Toyota unter dem Namen «Obeya» entwickelt. Gemeint ist ein Raum, in dem multidisziplinäre Teams an einem Ort zusammenarbeiten, um die Kommunikation und die Kreativität zu verbessern. Bei IPD-Projekten bildet der Big Room mit seinen Arbeitsplätzen das Herzstück der Kollaboration. Hier werden die Meilensteine definiert und die vor Ort tätigen Teammitglieder halten Planungssitzungen, regelmässige Besprechungen oder Stand-up-Sitzungen ab. Die Zusammenarbeit im Big Room bringt unter anderem folgende Vorteile mit sich:

- Die Beteiligten werden zur (multidisziplinären) Zusammenarbeit motiviert.
- Das Verständnis für die Sicht und die Herausforderungen der anderen Beteiligten wächst.
- Wichtige Parameter des Projekts können auf grossen Panels für alle sichtbar gemacht werden.

«integrated»?

Das englische Wort «integrated» hat mehrere Bedeutungen:
- integriert
- eingebaut
- eingegliedert
- eingebunden
- ganzheitlich
- durchgängig

Quelle: leo.org

Best Practice

Wie gross soll der Big Room sein?

Passen Sie die Form des Big Room dem Projekt an. Für kleinere Aufgaben kann der Big Room ein Raum bei einem der beteiligten Unternehmen sein oder später ein Container auf der Baustelle. Ebenso ist es möglich, den Big Room digital umzusetzen.

- Die Kommunikation wird verbessert, alle Teammitglieder haben immer Zugriff auf die aktuellsten Informationen, Pläne und Entwürfe.
- Die visuelle Präsentation des Projektstands ist im Big Room einfach möglich.
- Die Transparenz wird erhöht.
- Unnötige Überarbeitungen und Zeitverschwendung werden minimiert.
- Die routinemässigen Treffen unterstreichen die gewünschte Kollaboration.
- Missverständnisse lassen sich dank direkter Kommunikation vermeiden oder rasch beseitigen.
- Durch die gemeinsame Arbeit in einem Raum entsteht eine hochwertige Interaktion über alle Disziplinen hinweg.
- Die Scheu, andere nach Lösungen zu fragen und Probleme zu diskutieren, sinkt.
- Da jeweils alle notwendigen Entscheidungsträger im Raum sind, können Beschlüsse sofort gefasst werden. Das spart Zeit.
- Die Zusammenarbeit in einem Raum fördert das Verständnis der gemeinsamen Werte und erhöht die Verpflichtung, auf das gemeinsame Ziel hinzuarbeiten.

Real schlägt virtuell

IPD benötigt nicht nur die reale Zusammenarbeit an einem Ort, sondern auch das Zusammenspiel mittels virtueller Tools. Wichtig zu wissen: Diese können das persönliche Gespräch im Big Room oder auch im kleinen Rahmen nicht in jedem Fall ersetzen. Die Erfahrung zeigt zudem, dass virtuelle Instrumente einfacher genutzt werden und besser funktionieren, wenn die Nutzerinnen und Nutzer zuvor schon persönlich zusammengearbeitet haben.

Es braucht ein ausgewogenes Zusammenspiel von persönlichem Teamwork und virtuellen Instrumenten.

Virtuelle Tools für IPD

Grosse und komplexe Projekte bringen eine Flut an Informationen mit sich. Diese müssen gebündelt, kanalisiert und allen zugänglich gemacht werden. Dazu braucht es leistungsfähige digitale Werkzeuge – nicht nur in Form des BIM-Modells (siehe Seite 127), sondern auch in Form von Plattformen für den raschen Austausch von Informationen und für das Deponieren von Gedanken und Ideen, die bei der nächsten Runde im Big Room zum Thema werden könnten. Es lohnt sich deshalb, bereits kurz nach dem Projektstart geeignete Tools zu evaluieren und zu nutzen. Wichtig ist dabei die Wahl von Plattformen, die über alle Phasen hinweg die nötige Funktionalität bieten, mit allen Geräten (Desktop, Laptop, Tablet, Mobiltelefon) kompatibel und intuitiv in der Bedienung sind.

Top-Beispiel: Vestfold-Hospital in Norwegen

Das IPD-Team für den Bau des Vestfold-Hospitals in Tønsberg (Norwegen) hat die Nähe zum Standort des Projekts beispielhaft umgesetzt. Das Team erstellte vor dem Start der Planung für das Spitalgebäude gegenüber der Baustelle einen eigenen, provisorischen Bürobau. Dieses Vorgehen unterstützte den IPD-Gedanken gleich doppelt: Zum einen konnte das Team zum ersten Mal an einem kleinen Projekt die Zusammenarbeit testen, zum andern waren später die Wege zwischen den Planenden und den Ausführenden kurz und alle hatten die in die Höhe wachsenden Gebäude immer vor Augen.

Best Practice

Pflegen Sie die Kultur der Zusammenarbeit

Damit die Resultate stimmen, muss die Zusammenarbeit im IPD-Team Spass machen. Die Kultur dafür muss gepflegt werden. Sorgen Sie deshalb nicht nur für fixe, regelmässig wiederkehrende Gefässe zum Austausch zwischen den Beteiligten, sondern auch für Teamevents, die alle zusammenschweissen – etwa mit einem Grill auf der Büroterrasse im Sommer, kostenlosen Getränken, einer Runde Bier am Freitag vor dem Start ins Wochenende oder mit Teambuilding-Veranstaltungen. Besonders wichtig sind solche Anlässe zu Beginn oder bei grösseren Veränderungen im Team, damit sich die Mitglieder rasch kennenlernen und eine gemeinsame Kultur entwickeln können.

«Knappe Ressourcen und eine steigende Projektkomplexität werden ein Umdenken bei allen an einem Projekt Beteiligten beschleunigen. Die Erkenntnis der Branche ist längst da: Kollaboration und Nutzung digitaler Arbeitsmethoden führen zu dringend benötigten und überfälligen Produktivitätssteigerungen. Die Entwicklung ist irreversibel.»

Tossan Souchon, CEO Archipel Generalplanung AG, Bern (CH)

Wa

ns?

E

Veränderungen, Widerstände, Beschaffung

E.1 Ängste und Widerstände

[Summary]

Die Teilnahme an einem IPD-Projekt ist für die meisten Neuland. Entsprechend gross ist zum Teil die Angst davor. Die Schaffung eines integren Arbeitsumfelds, in dessen Mittelpunkt bei allen geschäftlichen Prozessen wie auch beim zwischenmenschlichen Verhalten die Fairness und der Respekt stehen, ist zentral für den Erfolg eines IPD-Projekts. Eigenen Vorbehalten Unbekanntem gegenüber sollte man sich früh stellen und diese mit den anderen Beteiligten thematisieren. Gleiches gilt für Widerstände innerhalb des eigenen Unternehmens. Hier muss die Projektleitung rasch reagieren, die Probleme auf den Tisch bringen und im Notfall auch Massnahmen ergreifen – etwa einen Wechsel zurück zur klassischen Projektrealisation.

Veränderungen machen Angst

Die Fachwelt spricht von Neophobie. Hinter dem Begriff versteckt sich die Angst des Menschen vor Neuem, die Angst, die Komfortzone verlassen zu müssen. Sollen wir unser gewohntes Umfeld aufgeben, reagieren wir meist mit Zweifeln, Argwohn und eben Angst. Das gilt auch für die erstmalige Beteiligung an einem IPD-Projekt. Der Ablauf der menschlichen Reaktion auf eine Veränderung ist meist derselbe, er folgt einer Kurve mit fünf Stationen: Verneinung, Widerstand, Krise, Erkundung und Akzeptanz (siehe Grafik 33).

IPD light

Vielleicht ist ein komplettes IPD-Projekt als erster Schritt eine Nummer zu gross? Dann besteht die Möglichkeit, zuerst einmal eine Bauaufgabe als IPD-light-Projekt zu realisieren. Ein Beispiel: Statt eine übliche Ausschreibung durchzuführen, wählt eine Auftraggeberin direkt einen passenden Architekten sowie eine Schlüsselunternehmerin aus. Bei einem Gebäude in vorgefertigter Holzbauweise wäre dies zum Beispiel ein spezialisiertes Holzbauunternehmen, das bereit ist, die anderen Gewerke als Generalunternehmung mitzuofferieren und auch einen Teil der spezialisierten Planungsaufgaben (z.B. Ingenieurleistungen) zu übernehmen.

Sowohl der Architekt als auch die beauftragte Unternehmerin legen dabei ihre Kalkulation samt Gewinnmarge offen und werden im Gegenzug kostendeckend entschädigt. Rein rechtlich gesehen schliessen die Parteien aber die üblichen Planer- und Werkverträge ab. Der Vorteil dieser IPD-light-Variante: Durch die frühe Wahl von Planer und Unternehmerin können Synergien genutzt und ökonomisch interessante Lösungen für die Bauaufgabe erarbeitet werden – davon profitiert letztlich auch die Auftraggeberschaft.

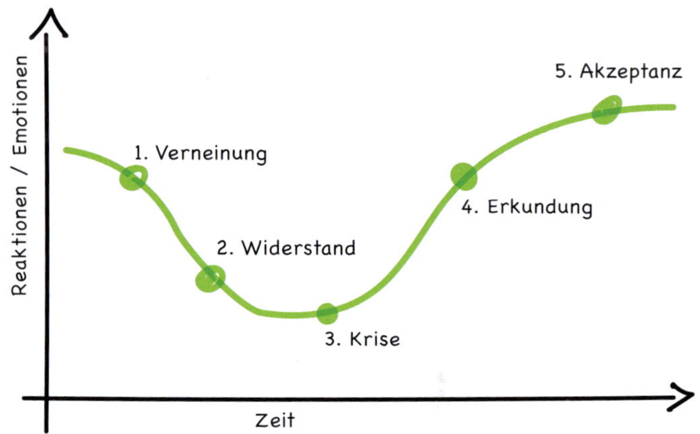

Grafik 33
Die fünf Phasen der Veränderung.
Quelle: Karrierebibel.de

«Jedes IPD-Projekt lebt von einem offenen, transparenten und vertrauensvollen Mindset. Dies sind auch die Werte, die in unserem Unternehmenscodex verankert sind und gemäss denen unsere Mitarbeitenden für unsere Kundschaft Dienstleistungen rund um die Immobilie erbringen.»

Kurt Zech, Vorsitzender des Vorstands und CEO, Zech Group SE, Bremen (D)

«Bei IPD fliesst die Energie direkt in den Kundennutzen, in den Projekterfolg (best for project) und in die Wertschöpfung und verpufft nicht in Positionskämpfen oder in der Durchsetzung inkongruenter Ziele. Dazu braucht es im Team Vertrauen und ein starkes moralisches Fundament, in dem die notwendigen Werte verankert sind. So macht Projektarbeit Freude!»

Klaus Hauser, Vice President BMW Group, Real Estate Management, Corporate Security, München (D), Mitglied des Vorstands des German Lean Construction Institute (GLCI), Karlsruhe (D)

Das Arbeitsumfeld bestimmt den Erfolg

Der Mensch steht bei IPD-Projekten im Mittelpunkt. Die Erfahrung zeigt deshalb auch: Scheitern IPD-Projekte, tun sie dies selten wegen finanzieller oder technischer Probleme, sondern weil auf der zwischenmenschlichen Ebene kein Konsens gefunden werden konnte. Entsprechend muss dem Arbeitsumfeld von Beginn an viel Beachtung geschenkt werden – vor allem weil IPD für die meisten Teilnehmenden komplettes Neuland bedeutet und von ihnen eine ganz neue Form der Zusammenarbeit erwartet wird. Deshalb braucht es ein Umfeld, in dem sich alle Beteiligten wohl, sicher und verstanden fühlen. Ist dies gegeben, sinkt auch das Risiko des Scheiterns. Dabei geht es vor allem um folgende Punkte:

Sicherheit

Aus dem Überlebensinstinkt heraus suchen Menschen nach Sicherheit. Ist ein Unternehmen an einem Projekt beteiligt, möchte sein Inhaber beispielsweise sicherstellen, dass die geleistete Arbeit auch bezahlt wird. Als Sicherheit dafür dient bei der klassischen Projektabwicklung in der Regel ein bilateral geschlossener Vertrag mit der Auftraggeberin. Ein IPD-Projekt kommt ohne solche Verträge aus. Alle Abmachungen werden innerhalb des Teams getroffen, etwa in Form eines Mehrparteienvertrags (siehe Seite 121). Das erzeugt bei den beteiligten Unternehmern oft eine Verunsicherung, Als Auftraggeber oder Auftraggeberin eines IPD-Projekts ist es deshalb wichtig, von Beginn an klarzustellen, dass alle Beteiligten für die geleistete Arbeit fair entschädigt werden, und so die nötige Sicherheit zu schaffen. Diese bildet das Fundament eines erfolgreichen IPD-Projekts.

Empathie

Bei IPD steht das Miteinander im Vordergrund. Die Erarbeitung des Projekts und das Fällen wichtiger Entscheide erfolgen phasengerecht in interdisziplinären Teams und unter Einbezug aller für die jeweiligen Planungs- und Arbeitsschritte benötigten Beteiligten. Für ein angenehmes, respektvolles Arbeitsklima in den Diskussionen und Workshops ist die Empathie gegenüber den anderen im Team besonders wichtig. Dabei geht es vor allem darum, die Empfindungen des Gegenübers wahrzunehmen.

Emotionale Intelligenz

Wer sich in einem IPD-Team engagiert, braucht neben Empathie eine gut entwickelte emotionale Intelligenz. Diese reicht über die reine Empathie hinaus. Emotionale Intelligenz nimmt die Empfindungen des Gegenübers nicht nur wahr, sondern reagiert konstruktiv darauf und leitet Handlungen ab, die schlussendlich in Lösungen münden, mit denen beide Seiten zufrieden sind.

Entity – das Wesen des Einzelnen

Eine Mehrheit der Beteiligten an IPD-Projekten kommt in der Regel aus einem technischen Umfeld. Da stehen die baulichen, konstruktiven und finanziellen Lösungen im Vordergrund und weniger das einzelne Teammitglied und seine Befindlichkeit. Ganz anders bei IPD: Hier ist die Zusammenarbeit zum Teil über Jahre hinweg sehr eng, die einzelne Person hat als Teil des Teams eine grosse Wichtigkeit. Nur wer sich innerhalb eines solchen Teams wohl und verstanden fühlt, ist bereit, voll mitzuziehen. Deshalb haben bei IPD-Projekten das gegenseitige Kennenlernen und der persönliche Austausch eine besondere Bedeutung und sollten gefördert werden – das berühmte Bier nach Feierabend ist ein Ansatz dazu.

Umgang mit Widerständen

Ängste und Unsicherheiten gegenüber dem Neuland, das mit einem IPD-Projekt verbunden ist, können sich auch innerhalb des eigenen Unternehmens oder bei einzelnen Stakeholdern eines IPD-Teams zeigen. Dem sollte man als Projektinitiantin früh und aktiv begegnen. Dazu gehören folgende Punkte:

- **Erwartungen nicht zu hoch setzen.** IPD ist keine eierlegende Wollmilchsau, sondern hat – wie andere Arten der Projektrealisierung auch – Vor- und Nachteile. Diese sollte man offen kommunizieren und die Chancen sowie die Risiken eines IPD-Projekts allen Beteiligten früh aufzeigen. Das hilft, realistische Ziele zu setzen.
- **Bremser früh eruieren.** Zeigt sich bei einzelnen Stakeholdern Misstrauen gegenüber dem IPD-Projekt und treten diese auf die Bremse, sollte dies rasch thematisiert werden.
- **IPD ist freiwillig.** Niemand wird gezwungen, an einem IPD-Projekt mitzumachen. Deshalb sollten sich nur Planende und Unternehmen darauf einlassen, die Lust dazu haben. Jemanden zur Teilnahme zu überreden, kann sich im Verlauf des Projekts als Bumerang erweisen.
- **Mitmachen, nicht bestellen.** Im Gegensatz zur klassischen Projektabwicklung ist die Auftraggeberin oder der Auftraggeber nicht einfach Besteller, sondern Teil des IPD-Teams. Wer sich nicht auf Augenhöhe in ein solches Team eingliedern will, eignet sich nicht als Auftraggeber für ein IPD-Projekt.

Best Practice

Umgang mit Veränderungen

Steht die Teilnahme an einem IPD-Projekt im Raum und lösen die damit verbundenen Änderungen bei Ihnen Unbehagen aus, sollten Sie das Thema aktiv angehen:

- Gestehen Sie sich selber und Ihrem Umfeld Ihr Unbehagen ein.
- Reden Sie mit anderen über das, was Ihnen Sorgen macht – etwa mit anderen Planerinnen oder Unternehmern, aber auch mit Ihren künftigen Partnerinnen und Partnern innerhalb des IPD-Projekts.
- Überlegen Sie sich, welche Konsequenzen für Sie die Teilnahme im schlimmsten Fall hätte. Vielleicht zeigt sich so, dass Ihre Bedenken grösser sind als die tatsächlich zu erwartenden Folgen.
- Denken Sie positiv und fokussieren Sie auf die Chancen, die ein IPD-Projekt für Sie bringen könnte.
- Gehen Sie in kleinen Schritten vor. Als Auftraggeber oder Auftraggeberin können Sie sich beispielsweise überlegen, statt gleich ein komplettes IPD-Projekt durchzuziehen, erst einmal eine Light-Variante auszuprobieren (siehe Box, Seite 148).

Best Practice

Scheitern liegt drin

Wenn in Ihrem IPD-Projekt unüberwindbare Differenzen zwischen den Beteiligten entstehen und alle Mediationsversuche nichts bringen, sollten Sie das Projekt scheitern lassen und gemäss einem vorher festgelegten Szenario zu einer klassischen Umsetzung wechseln (siehe Seite 77). Bevor Sie diesen Schritt wählen, sollten Sie aber unbedingt nach Lösungen für eine Weiterführung des IPD-Projekts suchen. Die dazu nötigen Instrumente müssen vor Arbeitsbeginn von allen Beteiligten gemeinsam festgelegt und dann angewendet werden. Bleibt danach doch nur der Ausstieg, sollten Sie sich die Zeit nehmen, die gemachten Fehler zu analysieren. Die Lehren daraus sind sowohl für die Weiterarbeit in klassischer Manier als auch für künftige IPD-Projekte wertvoll und verhindern ein nochmaliges Scheitern.

Baufeld betreten?
Badge gescannt?
SECURITAS

E.2 Information schafft Transparenz

[Summary]

Ein IPD-Projekt lebt vom laufenden Informationsaustausch zwischen den Beteiligten und von maximaler Transparenz. Entsprechend wichtig ist es, beim Projektstart festzulegen, wie die Informationsflüsse sichergestellt werden, und passende Instrumente dafür zu installieren. Dazu zählen nicht nur digitale Tools, sondern vor allem auch der regelmässige Austausch im Plenum mit dem gesamten Planungsteam oder in kleineren, interdisziplinären Gruppen sowie die Visualisierung aller Abläufe für die Arbeit des IPD-Teams – sei es analog, beispielsweise mit Post-it-Zetteln, oder digital. Nur wenn alle Teammitglieder die Abläufe vor Augen haben, sehen sie auch die damit verbundenen Chancen oder Behinderungen.

Transparenz und Vertrauen sind das A und O

Geheimniskrämerei ist der Tod eines IPD-Projekts. Deshalb gilt für alle Beteiligten maximale Transparenz bei ihrer Arbeit – bezüglich der Termine ebenso wie bezüglich der Finanzen, möglicher Probleme oder Differenzen mit anderen Teammitgliedern.

Bei herkömmlichen Modellen der Projektabwicklung wird durch eine Reihe von Zweiparteienverträgen eine vertikale Beziehungskette geschaffen. Der Anreiz bleibt dem einzelnen Vertragspartner vorbehalten, die restlichen am Projekt Beteiligten haben keine Einsicht in die jeweils anderen Zweiparteienverträge. Bei IPD-Projekten hingegen sind alle Beteiligten über eine einzige Vereinbarung miteinander verbunden, die sowohl die Entschädigung für die geleistete Arbeit als auch den Anteil am gemeinsamen Risiko regelt. Entsprechend haben alle IPD-Vertragspartner einen gemeinsames Interesse an der Minimierung des finanziellen Risikos. Dies wiederum führt zu einer kollektiven Beurteilung von Entscheiden. Damit das klappt, muss ein Grundmass an Vertrauen sowohl zwischen den im Vertrag eingebundenen Unternehmen als auch zwischen allen am Projekt beteiligten Personen bestehen. Wenn eine Partei nicht bereit ist, ausreichend Vertrauen zu gewähren, oder wenn sie das Vertrauen der anderen verletzt, muss sie entweder ersetzt werden oder der Informationsaustausch muss angepasst werden.

Niemand darf bei einem IPD-Projekt Wissen zurückhalten.

Informationsflüsse sicherstellen

Maximale Transparenz basiert auf Informationen. Deshalb muss zu Beginn festgelegt werden, wie der Informationsfluss innerhalb des IPD-Teams abläuft. Die Frage dabei lautet: Welche Informationen müssen wann für wen und in welcher Form zur Verfügung stehen? Bei IPD reichen diese Informa-

Best Practice

Neutrale Kostenkontrolle

Das Erreichen der gemeinsam gesetzten Kostenziele, die faire Honorierung aller Beteiligten gemäss ihrem realen Aufwand sowie die Verteilung eines eventuellen Bonus sind drei wichtige Bausteine von IPD. Aus diesen Punkten können sich aber auch Differenzen zwischen den Stakeholdern ergeben. Machen Sie deshalb zu Beginn im Team ab, ob die Finanzflüsse des Projekts durch eine neutrale Stelle – etwa ein gemeinsam ausgewähltes Büro für Bauökonomie – überwacht, geprüft und sichtbar gemacht werden sollen. Viele IPD-Projekte sind mit Zielen verbunden, deren Erreichen nicht schon bei Bauende und mit der Bauabrechnung überprüft werden kann – etwa der reibungslose Betrieb technischer Einrichtungen über einen längeren Zeitraum hinweg. Sind solche Ziele definiert, muss das Mandat der Kostenkontrollstelle bis zum Zeitpunkt des Erreichens dauern, damit sie dann die Verteilung eines Bonus oder den Einbehalt eines Malus vollziehen kann.

tionen weit über das hinaus, was man traditionell dazu zählt. Im Kern geht es darum, dass alle den Wert und den Mehrwert für das Projekt immer klar verstehen. Konkret heisst dies: Es braucht bei allen ein grosses gemeinsames Verständnis für den besten Prozess und das beste Produkt für das Projekt. Die Herausforderung dabei ist, dass nicht mehr in den einzelnen Silos kommuniziert wird, sondern dass die Fachdisziplinen einander helfen, die beste Lösung zu erarbeiten.

Beim traditionellen Projektmanagement steht nur das klassische Dreieck von Kosten, Terminen und Qualität im Zentrum:

- Bestehen Abweichungen gegenüber dem Zeitplan?
- Bewegen sich die Kosten innerhalb der Prognosen?
- Stimmt die Qualität der Arbeit?

Bei einem IPD-Projekt ist wesentlich mehr erforderlich, um den Informationsfluss sicherzustellen. In der Fachwelt spricht man hier von den Basis-Katalysatoren Lean und Production Thinking. Dazu gehören verschiedene Dinge, die zusammenspielen müssen, etwa Lean Construction oder ein Produktionssystem mit produktionsorientiertem Denken. Dazu bieten sich verschiedene Methoden und Tools an, beispielsweise:

- Regelmässiger Austausch des ganzen Teams im Plenum und in kleineren, interdisziplinären Gruppen im Big Room (siehe Seite 140)
- Abgleich von Soll und Ist bezüglich der Kosten, Termine und der Qualität im Rahmen der Meilensteine gemäss Lean Construction
- ICE-Sessions (Integrated Concurrent Engineering) zur raschen und parallelen Bearbeitung von Aufgaben und mit der Möglichkeit eines interdisziplinären Informationsaustauschs
- Möglichst aktuelle Kostenermittlung, beispielsweise zweiwöchentlich, und Darstellung des Kostenstands für alle sichtbar – etwa auf einem virtuellen Dashboard. Kommt es zu Abweichungen, werden in der nächsten Sitzung gemeinsam Massnahmen erarbeitet, um die Kosten wieder in den Griff zu bekommen.

Angemessenes Kostenziel festlegen

Die Festlegung von Kostenzielen hat bei IPD-Projekten eine besondere Bedeutung. Dabei geht es nicht nur um die Gesamtkosten des Projekts, sondern insbesondere auch darum, dass alle Beteiligten auf den Tisch legen, was sie mit dem Projekt verdienen wollen und wie viel sie mindestens brauchen, um keine roten Zahlen zu schreiben. Diskutiert werden muss zudem, welche Entschädigung nötig ist, um die Projektteams ausreichend zu motivieren. Solche Kostenziele festzulegen, ist keine Wissenschaft, sondern eine Kunst. Es gibt dafür kein Rezept, aber zumindest eine Grundlage: Kostenziele und finanzielle Anreizsysteme müssen aggressiv genug sein, um innovatives Denken und harte Arbeit anzuregen, aber nicht so aggressiv, dass es für die Teammitglieder unwahrscheinlich wird, den benötigten Gewinn zu erzielen.

Das berühmte und oft geforderte Mindset

Der Projektverantwortliche wie auch die verantwortlichen Teammitglieder müssen die Verpflichtung und die Verantwortung verstehen und akzeptieren, dass sie das gemeinsame Interesse und den Projekterfolg über ihre eigenen unternehmerischen Interessen zu stellen haben. Diese Denkweise – neudeutsch auch Mindset genannt – ist nicht zwingend von Beginn an bei allen Beteiligten gegeben. Deshalb ist es wichtig, dieses gemeinsame Verständnis immer wieder zu thematisieren, bis alle Teammitglieder seine Bedeutung verinnerlicht haben. Nur so entstehen eine gemeinsame Denkkultur und eine verlässliche Handlungsstruktur für die Arbeit am Projekt.

IPD erfordert eine grundlegende Veränderung im Denken und Verhalten der Teammitglieder gegenüber dem, was sie aus jahrelanger Erfahrung bei traditionellen Bauprojekten kennen und leben. Menschen, die nicht bereit sind, etwas Neues zumindest in Betracht zu ziehen und auszuprobieren, werden schnell zu einem Hindernis für eine erfolgreiche IPD-Implementierung.

Nicht jeder muss zu Beginn des Projekts vollständig von IPD und Lean Construction überzeugt sein, aber alle müssen bereit sein, einen ehrlichen Versuch zu unternehmen, sich auf diese Art der Projektabwicklung einzulassen.

Auftraggeber

Das finanzielle Gleichgewicht ist entscheidend

Die Analyse abgeschlossener IPD-Projekte, insbesondere in den USA, hat gezeigt, dass ein zu niedrig angesetztes Kostenziel, bei dem die Teams nur geringe oder keine Gewinne erwirtschaften konnten, sich negativ auf die Moral und die Motivation auswirkte. Achten Sie deshalb als Auftraggeber oder Auftraggeberin eines IPD-Projekts darauf, die Kostenziele und die Bonuszahlungen bei deren Erreichen so anzusetzen, dass der Ansporn für die beteiligten Teams ausreichend gross ist.

Best Practice

Unterstützen und überprüfen

Der Wechsel von der klassischen Projektabwicklung zu IPD ist für alle Beteiligten ein grosser Changeprozess. Leiten Sie ein IPD-Projekt, ist es deshalb wichtig, dass Sie die Mitglieder des Teams, aber auch die involvierten Mitarbeitenden der verschiedenen Teammitglieder aktiv dabei unterstützen. Ein Augenmerk sollten Sie dabei vor allem auf Stresssituationen legen.
Wenn es hart auf hart geht, besteht eine grosse Tendenz, in alte Denk- und Verhaltensmuster zurückzufallen. Ebenso wichtig ist es, dass Sie als Projektleitende regelmässig prüfen, ob die Teammitglieder die integrierten Praktiken und die Kultur der Zusammenarbeit einhalten und motiviert sind, in einem High-Performance-Team zu arbeiten. Dabei braucht es manchmal auch harte Eingriffe, etwa die Versetzung eines langjährigen Mitarbeitenden, der mit der neuen Zusammenarbeitskultur nicht klarkommt, in ein anderes Projekt, das klassisch arbeitet.

Höhere Investitionen zu Beginn

IPD erfordert bereits in der Planungsphase eine stärkere Beteiligung der Planenden und der Ausführenden, als dies bei der klassischen Projektabwicklung der Fall ist. Nur so kann später in der Bau- und in der Betriebsphase ein grösserer Nutzen erzielt und eine negative Iteration vermieden werden. Dazu braucht es auch ein Umdenken bei den Auftraggebern: Auftraggeberschaften, die es seit jeher gewohnt sind, einen fixen Prozentsatz ihres Budgets in die Planung zu investieren, müssen sich daran gewöhnen, im Vorfeld mehr auszugeben. Dafür fällt der finanzielle Aufwand später tiefer aus, und im besten Fall gilt das auch für die Gesamtinvestitionssumme.

Unterstützung der Projektteams

Bei den meisten IPD-Projekten besteht eine grosse Herausforderung darin, dass die Mitarbeitenden des Projektteams ihr Denken und Handeln auf die integrierten Praktiken und die Kultur von IPD umstellen müssen. Dies ist nicht immer einfach und stellt einerseits beim Start eines Projekts ein Problem dar, andererseits aber auch dann, wenn neue Personen zum Team stossen.

Bei erfolgreichen IPD-Projekten gehen die Leitenden nicht davon aus, dass die Mitarbeitenden in den Teams irgendwann im Verlauf des Projekts kapieren, wo die Unterschiede zur klassischen Projektabwicklung liegen. Vielmehr ergreifen sie proaktiv Massnahmen, um die Mitarbeitenden und die Teammitglieder bei diesem Changeprozess zu unterstützen.

Unzureichende Befugnisse und unklare Zuständigkeiten

Manchmal entsendet einer der Stakeholder in einem IPD-Projekt jemanden in die Projektmanagementgruppe, der oder die nicht mit ausreichender Entscheidungsbefugnis ausgestattet ist. Die Folge: Die Projektleitung und die Entscheidungsfindung geraten ins Stocken, weil die betroffene Person

Entscheidungen immer wieder aufschieben muss, um sich mit der oberen Führungsebene abzustimmen. Deshalb ist es wichtig, die Verantwortlichkeiten und die Entscheidungskompetenzen vorab gemeinsam genau festzulegen und regelmässig auf ihre Richtigkeit zu prüfen (RACI, responsible, accountable, consulted, informed).

Teammitglieder austauschen

Im Lauf der Zusammenarbeit stellt sich manchmal heraus, dass einzelne Mitglieder eines IPD-Projektteams die in sie gesetzten Erwartungen nicht erfüllen. Da bis zu diesem Zeitpunkt meist schon viel Zeit und Arbeit in die Beziehung der Teammitglieder untereinander investiert wurde, macht es Sinn, nach Lösungen zu suchen, damit die betroffene Person Teil des Teams bleiben kann. Fruchtet dies nicht, braucht es manchmal die schwierige Entscheidung, zum Wohl des Teams die Auswechslung eines Mitglieds vorzunehmen.

z.B.

Neubau Verwaltungs- und Produktionsgebäude «unique», Weggis (CH)

Auftraggeberschaft:	Thermoplan AG, Weggis
Architekten:	Aldoplan AG, Weggis
Bauingenieure:	Reinhard + Partner AG, Fraubrunnen
Weitere wichtige Beteiligte:	Digireal AG, Rotkreuz (Integriertes Bauprozessmanagement), Amstein + Walthert AG, Zürich (LEED-Begleitung), HHM Gruppe, Zürich (Gebäudetechnik), Fachhochschule Nordwestschweiz FHNW, Muttenz (wissenschaftliche Begleitung)
Investitionsvolumen	75 Mio. CHF
Ausführung:	Projektentwicklungsphase: Sommer 2020 – Oktober 2021 Realisierungsphase: November 2021 – September 2024
Ergebnis:	Neun formulierte Projektziele mit positivem Anreizsystem (Incentivierung bei Erreichung): • Mitarbeiterzufriedenheit (Nutzerzufriedenheit) • BIM4FM • Nachhaltigkeit (Leed PLATINUM) • Baukostenmanagement (modellbasiertes Controlling) • Termine und Milestones (Lean Construction, digitaler Big Room, ab Phase Vorprojekt) • Qualität der Bausubstanz • Digitale Arbeitsweise (BIM, BIM2Field, Fotogrammetrie) • Stakeholderzufriedenheit (Kulturhaus mit Werten und Prinzipien) • Arbeitssicherheit und Gesundheitsschutz

Wenn weiche Faktoren harte Fakten liefern

Die Kaffeevollautomaten von Thermoplan aus dem schweizerischen Weggis werden weltweit in der Gastronomie eingesetzt. Bei der Realisierung des Neubauprojekts «unique» am Hauptsitz kommt ein neues Abwicklungs- und Zusammenarbeitsmodell auf der Basis von IPD zur Erreichung des gemeinsamen Projektziels zur Anwendung. Das Modell basiert stark auf einem Miteinander aller Beteiligten. Der folgende Beitrag zeigt wesentliche Erkenntnisse und Erfahrungen aus bisher zwei Jahren Planungs- und Realisierungszeit mit IPD.

Bei der Wahl des Abwicklungsmodells für die Umsetzung ihres Bauprojekts setzt Thermoplan auf Werte wie Vertrauen und Zusammenarbeit, die auch für den eigenen unternehmerischen Erfolg leitend sind. Am Anfang der IPD-Vision steht damit eine Auftraggeberin, die Werte und technische Ambitionen in Möglichkeiten und Vertrauen ummünzt. Denn der Bau des Werks 5 mit zusätzlichen Produktionsflächen und Logistikeinrichtungen sowie Büros steht mit seiner Art der Projektierung und Realisierung für einen neuen Weg: Beteiligte Unternehmen und Gewerbe sind von Beginn an miteinander vernetzt und einbezogen, Einzelschritte in Planungs- und Umsetzungsphasen weichen gemeinsamen Etappen und der Planungsstand ist für alle Beteiligten stets transparent.

Die folgenden drei Punkte haben sich für das IPD-Projekt von Thermoplan als entscheidend erwiesen:

1. Umfassende Projektziele und frühe Involvierung

Das Projekt steht im Zentrum. Das bedeutet, dass der Nutzen, den die Beteiligten einbringen, auf das Projektergebniskonto einzahlt. Zur DNA des Gelingens gehört damit, dass die Beteiligten in einer frühen Projektphase vereint sind. Die systematische Optimierung der Planung und Bauausführung bedingt die frühe Integration aller wichtigen ausführenden Unternehmen. Für den gemeinsamen Projekterfolg entscheidend ist zudem ein Anreizsystem, das die Hauptakteure am Erfolg und Misserfolg des gesamten Projekts beteiligt. Für den idealen Weg gibt es keine einfache Standardlösung.

Ein Novum in Bezug auf die Vielfalt und das Monitoring sind gemeinschaftliche Ziele, anhand derer die Erfolge des Projektfortschritts kontinuierlich im eigens entwickelten Cockpit gemessen werden. In den neun Themenfeldern des Thermoplan-Executive-Teams finden sich neben «Qualität der Bausubstanz» oder «Baukosten/Management» auch Aspekte wie «Mitarbeiter-» oder «Stakeholder-Zufriedenheit». Man hat die Erwartungen bewusst hochgesteckt, da gehört es dazu, dass nicht nur die Beteiligten während des Bau- und Planungsprozesses angehört werden, sondern auch die späteren Nutzerinnen und Nutzer. Das umfassende Monitoring, das auch mit Unterstützung der FHNW (Institut Digitales Bauen und Institut für Kooperationsforschung und -entwicklung) erarbeitet wurde, macht Erfolge und Störungen messbar.

Auch auf den Ebenen Organisation und Kultur werden mit wissenschaftlicher Unterstützung neue Wege beschritten. Die strategische und operative Steuerung des Projekts geschieht akteurgruppenübergreifend. Dem Entwickeln und dem Nachleben einer hoch entwickelten Zusammenarbeitskultur wird besonderes Augenmerk geschenkt.

2. Kulturarbeit für Commitment im Projektteam

Einmal jährlich findet eine Generalversammlung mit den Vertreterinnen und Vertretern der Partnerfirmen des Bauprojekts statt. Die GV wählt das Executive-Team, das Kontrollorgan des Projekts. Dieses Team übernimmt die strategische und ideelle Projektsteuerung. Es ist der eigentliche IPD-Visionsgeber, unterstützt bei der Auswahl von Partnern und überwacht das Einhalten des Projektversprechens, die Ziele und die Metriken. Adrian Steiner, Auftraggeber und CEO von Thermoplan, betont, dass es Mut und Weitsicht braucht. Dass man von Beginn an konsequent zusammen plant und nach gemeinsamen Zielen strebt, bietet eine Chance. Dennoch ist das Unterfangen anspruchsvoll, soll es doch auf dem Weg keine Verlierer geben. Man wird auf Herausforderungen oder Probleme mit Lösungen reagieren. «Das aber nie als Kompromiss am Gesamtwerk», wie Steiner betont.

Konkret handelt es sich um ein Changeprojekt, von dem man sich eine schnelle Wirkung bei den Beteiligten erhofft. Denn Werte wie Teamgeist, Offenheit und Vertrauen ins Zentrum zu setzen, ist das eine. Dass sich das in Kürze in einer Kultur des Miteinanders niederschlägt, ist das andere.

Prozesse der Formalisierung wie die Beschreibung von Erwartungen oder von Werten werden deshalb mit Elementen der informellen Sinnstiftung verknüpft, um eine kollaborationsfreundliche Überzeugung zu etablieren. Entscheidend für die gemeinsame Kultur ist die Grundauffassung, dass Fehler zur gemeinsamen Reise gehören, ebenso Unsicherheit, weil vertraute Garantieren fehlen. Psychologische Sicherheit muss als Teil des gemeinsamen Kulturverständnisses etabliert werden.

3. Technologie als Grundlage für Single Source of Truth

Ohne die Möglichkeiten der Digitalisierung und Standardisierung und ohne ein zentrales digitales Modell geht es nicht. Denn Informationen sollen integriert, transparent und jederzeit zugänglich sein. Dabei geht es um organisationsübergreifende Zusammenarbeit in Echtzeit. Die digitalen Optionen spannen zwar neue Möglichkeiten auf und stellen damit eine wesentliche Bedingung der IPD-Infrastruktur dar. Dennoch macht nicht der Grad an digitaler Technologisierung die Einmaligkeit des Projekts aus. Urs von Arx von der HHM Gruppe fasst es zusammen: «Bei IPD geht es darum, dass man die Technik mit der Organisation und dem Menschen verbindet. Dazu braucht es auch neue Vertragsformen und dazu braucht es einen Auftraggeber, der Innovation und damit Entwicklung zulässt und fördert.»

Das Projekt «unique» von Thermoplan ist ein Pionierprojekt, weil es auf Vertrauen und Professionalität baut und weil weiche Faktoren harte Fakten und Erkenntnisse liefern. Keiner sagt, der Weg sei ein leichter. Und niemand macht gerne Fehler. Und weil das so ist, schaffen der gemeinsame Erfolg und der eigene Entwicklungswille echte Resilienz in Zeiten, da Unsicherheit zur neuen Selbstverständlichkeit gehört. Emmanuel Gilgen von Digireal und Mitglied des Managementteams mit Einsitz im Executive-Team beim Thermoplan-Projekt meint auf die Frage, was er Auftraggebenden sagt, die IPD in Erwägung ziehen: «Bist du bereit, die am Projekt Beteiligten als Partner auf Augenhöhe anzuerkennen und ihnen zu vertrauen? Oder anders: Wie ist dein eigenes Mindset, wie kompatibel sind deine Kultur, deine Werte mit IPD?»

Von Christoph Wey, Leiter Kommunikation, HHM Gruppe und Emmanuel Gilgen, Geschäftsführer, Digireal AG

HHM Gruppe, www.hhm.ch
Digireal AG, www.digireal.ch
Weitere Informationen: https://www.thermoplan.ch/de/neubau-unique

E.3 Beschaffungsprozesse

[Summary]

IPD stellt die bisherige Form der Beschaffung von Planerleistungen und die Vergabe von Bauarbeiten auf den Kopf. Im Vordergrund stehen nicht mehr die Höhe der Honorare für die Planung und die Kosten für das jeweilige Gewerk. Vielmehr geht es darum, diejenigen Stakeholder zu finden, die über eine hohe Kompetenz verfügen und den unbedingten Willen haben, Teil eines kollaborativen Prozesses zu sein, in dem gemeinsame Wertvorstellungen und das Gesamtresultat im Zentrum stehen.

Der klassische Beschaffungsprozess ist out

Den klassischen Beschaffungsprozess kennen alle, die mit der Planung und der Realisierung von Bauwerken vertraut sind: Zuerst werden die passenden Planenden gesucht, die das Projekt erarbeiten. Steht dieses, folgt die Ausschreibung der Arbeiten für die Ausführung. Während bei der Auswahl der Planenden Referenzen und Qualitäten mit einfliessen, ist die Vergabe der Bauarbeiten meist stark an den Preis gekoppelt. Das Wissen der offerierenden Handwerksfirmen hingegen wird meist nicht genutzt. Sie bauen letztlich das, was geplant und bestellt wurde. Und nicht selten wird auch der künftige Betreiber eines Gebäudes erst ausgewählt, wenn sich dieses längst im Bau befindet.

Bei IPD zählen Kompetenz und Integrität

IPD stellt den Beschaffungsprozess auf den Kopf. Alle Schlüsselparteien für Planung, Ausführung und Betrieb müssen zu Beginn ausgewählt werden. In der Regel sind dies neben der Auftraggeberschaft der Architekt oder die Generalplanerin sowie die Unternehmer für die Schüsselgewerke, etwa den Rohbau oder die Gebäudehülle, und bei komplexeren Bauten auch die Betreiberin. Eine klassische Ausschreibung, bei der nur der Preis im Vordergrund steht, funktioniert dabei nicht, denn zu Beginn eines IPD-Prozesses existiert das konkrete Projekt noch gar nicht. Im Vordergrund stehen bei der Auswahl deshalb Werte wie:

- Kompetenz
- Erfahrung
- Erfolgsbilanz
- Integrität
- Sympathie
- Vertrauen

Auftraggeber

Schlüsselpersonen fix definieren

Bei den wichtigsten Projektbeteiligten steht nicht nur das Fachwissen im Vordergrund, sondern vor allem auch ihre Fähigkeiten im zwischenmenschlichen Bereich. Diese Punkte sollten Sie als Auftraggeber oder Auftraggeberin nicht nur beim Casting prüfen, sondern auch festhalten, dass die von Ihnen gewählten Personen dann in den Teams tatsächlich dabei sein müssen. Denn machen plötzlich andere Vertreter eines beteiligten Unternehmens im IPD-Team mit, ist nicht sicher, ob die kollaborative Zusammenarbeit mit den anderen Teammitgliedern wirklich funktioniert.

Gesucht sind Köpfe und nicht Firmen

Das richtige Arbeitsumfeld ist für den Erfolg eines IPD-Projekts matchentscheidend (siehe Seite 151). Deshalb genügt es nicht, einfach passende Firmen mit den richtigen Referenzen als Partner auszuwählen. Ausschlaggebend sind vielmehr die Einzelpersonen – sowohl im Kernteam als auch in den Teams für die verschiedenen Bereiche. Nur wer die nötige Empathie und viel emotionale Intelligenz mitbringt und bereit ist, sich auf eine neue Art der Zusammenarbeit einzulassen, kollaborativ zu handeln und das Silodenken hinter sich zu lassen, eignet sich für eine leitende Position in einem IPD-Projekt.

Die klassische Beschaffung hat nicht ganz ausgedient

Längst nicht alle, die an der Planung und Ausführung des Projekts beteiligt sind, bilden auch einen Teil des IPD-Teams. Aufgaben oder Gewerke, die keinen direkten Einfluss auf die Gesamtziele haben, können auch in IPD-Projekten klassisch über Ausschreibungen und Offerten vergeben werden. Ein Beispiel: Wird das Projekt als vorgefertigter Holzbau realisiert, wird der Vertreter des dafür qualifizierten Holzbauunternehmens Teil des IPD-Teams sein. Denn seine Expertise ist von Beginn an gefragt, um eine optimale Lösung für die Bauaufgabe zu finden. Das benötigte Holz oder die Schrauben hingegen können klassisch über eine Ausschreibung bei Lieferanten beschafft werden. Gleiches gilt etwa auch für den Montagetrupp, der alle Türen einbaut. Diese Leistung kann wie heute ausgeschrieben und vergeben werden – einzige Einschränkung: Da die Ausführung optimalerweise durch Lean-Prozesse gesteuert wird, muss der jeweilige Unternehmer sich danach richten. Entweder verfügt er schon über die nötige Erfahrung aus anderen Projekten oder er ist bereit, zusammen mit seinen Mitarbeitenden eine Einführung und Schulung zu durchlaufen und seine Arbeitsweise zu ändern.

Honorierung der Arbeit in der Startphase

Die Aufwände der einzelnen Projektbeteiligten lassen sich zu Beginn schlecht abschätzen und kristallisieren sich erst parallel zur Konkretisierung des Vorhabens heraus. Am einfachsten ist es deshalb, in den ersten Phasen des Projekts die Beteiligten nach Stundenaufwand zu honorieren. Hat das Projekt genügend Gestalt angenommen, können die Aufwände für die künftigen Arbeiten klarer umrissen, offeriert und in die Kosten für das Projekt eingerechnet werden.

wo

nin?

Wandel, Treiber, Diskussion

F

F.1 Den Mutigen gehört die Zukunft

[Summary]

Die Zeit für den Aufbruch ist reif. Und da IPD vor allem eine Sache der Einstellung und des Willens ist, wird es nicht einfach eine Anweisung von oben oder eine neue Norm geben, die zeigen, was zu tun ist. Gefragt ist vielmehr der Wille aller Beteiligten, Neues zu wagen – nur so lassen sich die Zufriedenheit und das gebaute Ergebnis verbessern. Der richtige Mut würde auch die Chance bieten, der Bau- und Immobilienindustrie in Deutschland, Österreich und der Schweiz (DACH-Länder) neue Impulse zu verleihen, die weit über die Grenzen hinaus Wirkung hätten.

Abwarten und hoffen ist keine Lösung

Die Planungs-, Bau- und Immobilienbranche lässt sich mit einem Öltanker vergleichen. Bis aus dem Steuerbefehl des Kapitäns eine sichtbare Kursänderung resultiert, dauert es ewig. Doch gibt es in der Planungs-, Bau- und Immobilienbranche überhaupt einen Kapitän? Vermutlich nicht, aber es gibt eine grosse Zahl an Offizieren, die für kleinere und grössere Bereiche innerhalb der Branche zuständig sind: Investoren, Auftraggeberinnen, Architekten, Bauingenieurinnen, Bauökonomen, Holzbauplanerinnen, Baumeister, um nur einige zu nennen.

Sie alle haben es gemeinsam in der Hand, das Ruder umzulegen und einen neuen Kurs zu steuern. Einen Kurs, bei dem das Endprodukt im Fokus steht und nicht nur das eigene Wohl; einen Kurs, der das Ziel hat, ein Projekt zu realisieren, das mit einem optimalen Aufwand das beste Ergebnis bringt.

Mut ist gefragt

Da die Branche keinen Kapitän hat, braucht es den Mut aller Beteiligten, neue Wege zu gehen und neue Formen der Zusammenarbeit auszuprobieren. Dabei dürfen auch einmal Fehler gemacht und daraus Lehren gezogen werden. Nur so kann die Planungs-, Bau- und Immobilienbranche auf die künftigen Herausforderungen Antworten liefern. Fehlt der Mut, bleibt der Öltanker auf seinem bisherigen Kurs, wursteln sich alle weiter durch den Alltag, machen die Faust im Hosensack – mit dem Resultat, dass die fertigen Projekte keinen der Beteiligten wirklich vollständig zufriedenstellen.

Der Weg ist geebnet

Die Project Alliance ist seit den frühen Neunzigerjahren in Australien etabliert. In der Folge haben sich ähnliche Formen von Projektbündnissen in anderen Ländern wie Grossbritannien und Finnland entwickelt und durchgesetzt. Das Projektabwicklungsmodell «Integrated Project Delivery» (IPD) findet seit Anfang der 2000er-Jahre in den USA Anwendung. Die Erfahrungen sind in allen Ländern mehrheitlich positiv. Das Rad muss nicht erfunden werden!

Chance für die DACH-Länder

Im Jahr 1951 errichtete die Stanford University im Santa Clara Valley in der Nähe von San Francisco einen Industriepark und legte so den Grundstein für das heutige Silicon Valley. In den Folgejahren gründeten Abgänger der Universität in unmittelbarer Nachbarschaft eigene Firmen und machten die Region zum Hotspot der Computer- und Hightech-Industrie. Es ist Zeit, dass zukunftsorientierte Player aus der Planungs-, Bau- und Immobilienbranche analog dazu in Deutschland, Österreich und der Schweiz ein Construction Valley schaffen – vielleicht konzentriert an einem Ort, vielleicht auch als Netzwerk von Hubs in allen drei Ländern. Jedenfalls einen Ort, wo innovative Planungs- und Baufirmen in engem Austausch die Idee von IPD vorantreiben, weiterentwickeln und passende Instrumente sowie Weiterbildungsangebote dafür bereitstellen. Ein Netzwerk, das die europäische Bau- und Immobilienwirtschaft stärkt und sie zum Impulsgeber für Projekte weltweit macht – als Lohn für den Mut.

F.2 Neues Mindset – neue Ergebnisse

[Summary]

Die kommenden Herausforderungen (siehe Seite 180) zeigen es: Mit den Instrumenten von gestern können wir die Aufgaben von morgen nicht lösen. Durch die Einigung auf gemeinsame Werte, die Ausrichtung auf das bestmögliche Ergebnis und die enge Kollaboration aller Schlüsselpersonen bringt IPD beste Voraussetzungen für künftige Herausforderungen mit sich. Bedingung ist aber, dass alle Beteiligten bereit sind, umzudenken. Auf den Punkt gebracht: Nur ein neues Mindset führt auch zu neuen Ergebnissen.

Ohne Reset kein Wandel

Wer mit der bisherigen Denkweise – neudeutsch auch als Mindset bezeichnet – ein IPD-Projekt anpacken will, wird unweigerlich scheitern. Die offene, kollaborative Form des Planens und Realisierens von Bauten braucht einen Reset bei allen Beteiligten. Nur wer die bisherige Abwicklung von Projekten hinter sich lässt und komplett offen ist für eine neue Form der Zusammenarbeit, wird erfolgreich sein und kann von den Vorteilen von IPD schlussendlich profitieren. Nicht zuletzt braucht es aber die Bereitschaft, sich auf die neuen Chancen, aber auch auf die Risiken einzulassen und auch einmal Lehrgeld zu bezahlen.

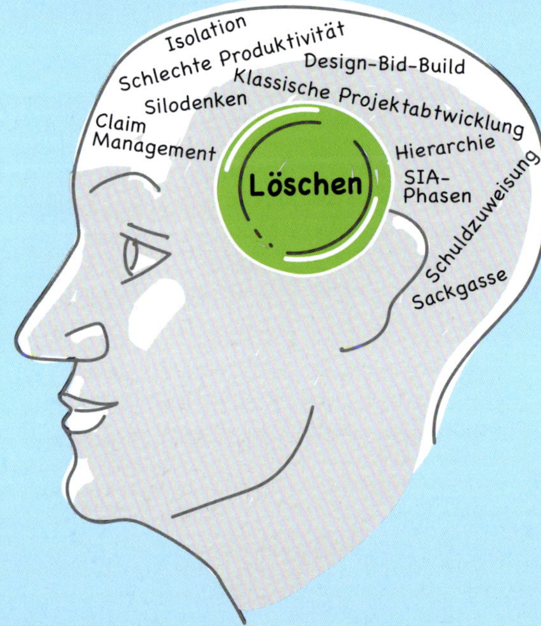

Grafik 34
Ohne Reset im Kopf scheitern IPD-Projekte.

Neues Mindset für die Auftraggeberschaft

Wer als Auftraggeber oder Auftraggeberin mit der Projektentwicklung nur eine Rendite erzielen und das Bauwerk frühzeitig veräussern will (ohne Interesse an den Life-Cycle-Kosten), sollte die Finger von IPD-Projekten lassen. Wer hingegen auf Qualität und Nachhaltigkeit setzt, bringt gut Voraussetzungen mit. Zugleich braucht es die Bereitschaft, früh und klar die mit dem Projekt verfolgten Ziele zu definieren, lösungsoffen an die Aufgabe heranzugehen, die finanziellen Mittel für die aufwendigere Startphase bereitzustellen, möglichst früh Nutzerinnen wie Betreiber des Gebäudes festzulegen und sie mit an Bord zu holen. Wer als Auftraggeber oder Auftraggeberin bereit ist, richtig hart am Projekt mitzuarbeiten und nicht einfach nur zu bestellen, in Vorleistung zu gehen und die qualitativen sowie die nachhaltigen Aspekte stark zu gewichten, bringt das passende Mindset mit.

Neues Mindset für Nutzende und Betreiber

Nur ein Gebäude, das möglichst alle Bedürfnisse der Nutzenden und der Betreiberschaft erfüllt, ist schlussendlich ein gelungenes Gebäude. Die künftigen Nutzerinnen und Nutzer sowie die für den Betrieb Verantwortlichen müssen deshalb bereit sein, sich zu Beginn ins Projekt einzubringen, ihre Bedürfnisse klar zu formulieren und sich zum richtigen Zeitpunkt auf eine Lösung festzulegen. Das im klassischen Bauprozess übliche Nachbessern bis kurz vor Fertigstellung ist in einem IPD-Projekt nicht zielführend. Wer bereit ist, als Nutzerin oder Betreiber früh im Planungsprozess hart mitzuarbeiten und später auch die Verantwortung für getroffene Entscheide zu übernehmen, bringt das richtige Mindset mit.

Neues Mindset für Planende

Das Zeichnen von Plänen im stillen Kämmerlein, die dann einfach ausgeführt werden, ist mit IPD Geschichte. Klar ist das spezifische Know-how der Planenden weiter gefragt, aber sie müssen auch bereit sein, Lösungen in einem iterativen Prozess zu finden, bei dem andere mitreden. Das erfordert Offenheit anderen Meinungen gegenüber. Denn am Schluss zählt nur das gemeinsam erarbeitete Ergebnis. Wer dazu bereit ist, bringt als Planerin oder Planer das richtige Mindset mit.

Neues Mindset für Ausführende

Die Zeiten, als Ausführende angesichts der Pläne und Vorgaben von Architektinnen und Ingenieuren höchstens die Faust im Sack machen konnten, sind mit IPD vorbei. Gefragt sind Fachleute, die mit der Erfahrung aus ihrem Gewerk sehr früh in der Projektphase wertvolle Inputs liefern, damit die Bauaufgabe optimal und mit dem kleinstmöglichen Aufwand gelöst werden kann. Wer bereit ist, seine Ideen zu teilen und sich der kritischen Auseinandersetzung im IPD-Team zu stellen, bringt als Ausführender das richtige Mindset mit.

Neues Mindset für Bau- und Bewilligungsbehörden

IPD erfordert Bau- und Bewilligungsbehörden, die bereit sind, in frühen Projektphasen auf Anfrage der Auftraggeberschaft Vorentscheide zu fällen und von den bisher üblichen Abläufen abzuweichen – ohne dabei das Gebot der Gleichbehandlung zu verletzen. Gemeinden, die sich frühzeitig für die Anforderungen von IPD fit machen, profitieren von einem Standortvorteil. Denn innovative Auftraggeberschaften realisieren ihre Projekte am liebsten dort, wo sie aufgeschlossene Bau- und Bewilligungsbehörden als Gegenüber haben. Wer als Kommune dieses Mindset mitbringt, ist fit für IPD.

Neues Mindset für das Beschaffungswesen

Mit Mut und Kreativität finden sich auch im öffentlichen Beschaffungswesen – das auf Design–Bid–Build fokussiert – schon jetzt Wege, IPD-Projekte zu realisieren. Doch eigentlich braucht es eine Neuausrichtung der Regeln für die öffentliche Beschaffung. Der Grundstein dafür muss heute gelegt werden – damit übermorgen neue Wege für die Beschaffung möglich sind, ohne dass der Wettbewerb auf der Strecke bleibt. Im Vordergrund stehen soll dabei ein lösungsorientierter Qualitätswettbewerb und nicht ein Preiswettbewerb. Doch dafür braucht es ein neues Mindset.

Neues Mindset in der Ausbildung

Die Aus- sowie die Weiterbildung von Architektinnen und Ingenieuren, aber auch von Juristen mit Schwerpunkt Bau- und Vertragsrecht fokussiert bis anhin auf die klassische Realisierung von Projekten. Auch hier braucht es einen Reset. Wer schon in der Aus- und Weiterbildung neue Formen der Zusammenarbeit kennenlernt und in interdisziplinären Teams Aufgaben löst, bringt später im Berufsleben das passende Mindset mit. Ebenso ist es Zeit, mit dem Gegeneinander der Disziplinen aufzuräumen. Noch immer werden an den Hochschulen beispielsweise Architektinnen als Gegnerinnen der Ingenieure und umgekehrt dargestellt – eine schlechte Basis für die spätere Zusammenarbeit in IPD-Projekten. Um dem entgegenzuwirken, braucht es ein neues Mindset für die Aus- und Weiterbildung von Baufachleuten.

F.3 Es ist Zeit für einen Turnaround

[Summary]

Massiver Mangel an Fach- und Führungskräften, ungenügende Produktivität, sinkende Gewinnmargen, Konkurrenzkämpfe, Verknappung von Ressourcen, Umweltverschmutzung, gesellschaftlicher Wandel, verstärkte Fokussierung auf Besteller und Nutzende sowie grosse Unsicherheiten bezüglich der künftigen Nachfrage und eine laufend steigende Komplexität – die Bau- und Immobilienbranche muss endlich mit aller Kraft reagieren. Die heute gängigen Formen des Planens, Bauens und Betreibens, die sich seit Jahrzehnten nur wenig verändert haben, sowie die zugehörigen Prozesse, liefern nur ungenügende Antworten. Deshalb ist es Zeit, die Komfortzone zu verlassen und regenerative Massnahmen in die Wege zu leiten. Kollaborative Modelle sind durch die enge und interdisziplinäre Arbeit ein entscheidendes Element dazu.

Branche am Wendepunkt

Die Bau- und Immobilienbranche steht an einem Wendepunkt. In den nächsten Jahren werden grosse Herausforderungen auf sie zukommen. Die heutigen Formen der Planung und der Ausführung von Bauprojekten liefern nur ungenügende oder keine Antworten. Die enge Zusammenarbeit aller an einem Projekt Beteiligten – beispielsweise in Form von IPD – trägt zu neuen Lösungen für die bestehenden und noch folgenden Herausforderungen bei.

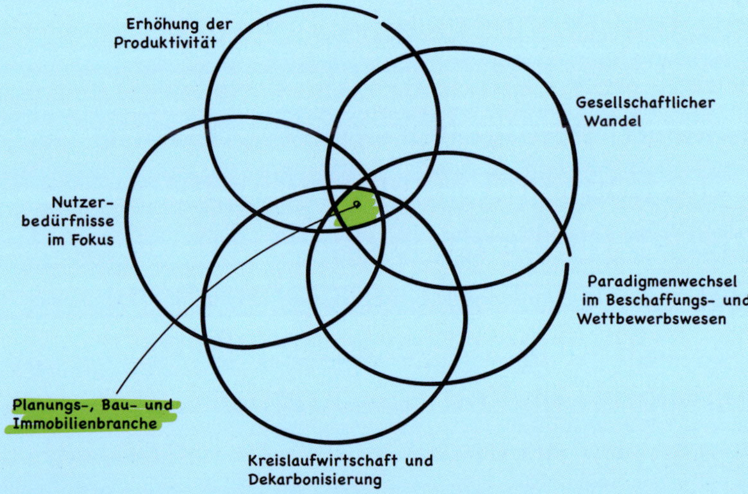

Grafik 35
Kommende Herausforderungen für die Immobilien-, Planungs- und Baubranche.

Ungenügende Produktivität und Effektivität

Eigentlich wäre die Planungs- und Baubranche aufgrund ihrer schlechten Produktivität und ihrer geringen Effektivität ein Sanierungsfall. Doch sie wurstelt sich seit Jahrzehnten durch. Dabei bleibt die Qualität immer häufiger auf der Strecke, die Branche ist für künftige Herausforderungen schlecht gewappnet. Deshalb braucht es über alle Bereiche hinweg neue Formen der Zusammenarbeit, innovative Planungs- und Bauprozesse, mehr Vorfertigung sowie eine Systematisierung und Standardisierung des Bauens.

Metaverse – die digitale Welt

Die immer engere Vermischung von realer und virtueller Welt hat direkten Einfluss darauf, wie wir planen, bauen, wohnen und arbeiten. Begegnen kann man dieser Digitalisierung unseres Umfelds nicht mit den Methoden von gestern, sondern nur mit denen von morgen.

Dekarbonisierung und Energiebedarf

Gebäude und ihre Nutzung gehören weltweit zu den grossen Konsumenten von Energie und damit auch zu den Verursachern von CO_2. Mit dem Ziel einer CO_2-neutralen Gesellschaft braucht es grosse Anstrengungen, um den Bau und den Betrieb von Gebäuden entsprechend zu gestalten – durch eine maximale Reduktion der benötigten Energie, durch deren Bereitstellung aus erneuerbaren Quellen oder aber auch durch das Binden von CO_2 in Baumaterialien oder dessen Umwandlung in Energieträger. Lösungen dafür erfordern ein vernetztes Denken über viele Disziplinen hinweg.

Gesellschaftlicher Wandel

Bevölkerungswachstum, steigende Wohnkosten, höhere Dichte, Segregation – der gesellschaftliche Wandel stellt neue Anforderungen an die Planung, den Bau sowie die Nutzung von Gebäuden und trägt teilweise zu negativen gesellschaftlichen Entwicklungen bei. Städte, Quartiere sowie Gebäude müssen künftig so geplant werden, dass sie Antworten auf die gesellschaftlichen Herausforderungen liefern.

Nutzerbedürfnisse

Die Gestaltung und die städtebauliche Einordnung eines Gebäudes werden viel zu häufig höher gewichtet als die Bedürfnisse der künftigen Nutzenden. Planungs- und Bauprozesse müssen deshalb in Zukunft so ausgerichtet werden, dass sowohl die städtebaulichen und architektonischen Ziele als auch diejenigen der Kundschaft und des Umweltschutzes maximal erfüllt werden.

Veränderte Nachfrage

Die Bauwirtschaft hat ein Jahrzehnt mit hoher Nachfrage hinter sich. Die Zukunft ist ungewiss. Der Konkurrenzkampf könnte zunehmen. Überleben werden nur Unternehmen, die künftige Entwicklungen rechtzeitig antizipieren.

Fachkräftemangel

Der Mangel an Fachkräften hat seine Ursache nicht nur in der Demografie und der gesellschaftlichen Entwicklung, sondern ein Stück weit auch in den veralteten Strukturen der Bau- und Immobilienbranche. Mit neuen Modellen der Zusammenarbeit werden die Planung und der Bau von Gebäuden sowie die zugehörigen Berufe auch wieder attraktiv für junge Menschen.

Ressourcenknappheit

Rohstoffe werden immer knapper. Das betrifft auch die Bauwirtschaft und erfordert einen ganz neuen Umgang mit Bauaufgaben. Sei es durch die Weiter- und Umnutzung bestehender Gebäude anstelle von Ersatzneubauten, sei es durch die Wiederverwendung von Bauteilen – Stichwort Re-Use –, ein Malus-System für den Abbruch von Bauten oder aber durch die Entwicklung von Gebäuden, die für eine lange Nutzungsdauer und für eine spätere Wiederverwendung der Rohstoffe ausgelegt sind.

Blockchain

Es ist heute klar absehbar, dass die Interaktionen in der digitalen Welt künftig zunehmend mithilfe dezentraler Systeme stattfinden werden. Die technologischen Bausteine dafür gibt es bereits. Bekannt sind sie unter dem Sammelbegriff «Blockchain». Solche Systeme ermöglichen es, jeden wertvollen Gegenstand digital als Unikat zu erfassen, ihn einem eindeutigen Besitzer zuzuordnen und seinen gesamten Lebenszyklus manipulationssicher zu protokollieren. Die Dezentralisierung stellt sicher, dass keine zentralen Institutionen oder böswilligen Akteure diese Interaktionen erschweren oder verhindern können. Die Anwendungsbereiche sind vielfältig – beispielsweise für Lieferketten, den Kunstmarkt, Finanztransaktionen oder Geschäftsprozesse. Blockchain bildet damit ein solides Fundament für unsere digitale Zukunft.

audio-technica

«Das Zusammenführen von Planung und Bau zu einer ganzheitlichen Betrachtung der gesamten Wertschöpfungskette und kollaborative Formen der Zusammenarbeit lassen sich nicht in tradierten Rollen- und Leistungsbildern denken. Unsere Branche wird sich radikal verändern. Die Digitalisierung wirkt dabei als Beschleuniger.»

Pascal Petschen, COO und Leiter Projektmanagement, Archipel Generalplanung AG, Zürich (CH)

«Wir brauchen neue Realisierungsmodelle, weil unsere traditionellen Verträge im Bauwesen auf dem Prinzip des Leistungsaustauschs beruhen und damit immanente Interessengegensätze enthalten.»

Heinz Ehrbar, Präsident Kommission SIA 118, Zürich (CH)

Demokratie
Umdenken VDC
Konsens Handshake
Alignment Mut
Framework Mindset
Radikaler Wandel Widerstände
Empathie Resilienz Raus aus dem Silo
Informationsfluss BIM Respekt
ICE Chance Roadmap Big Room
Transparenz Zusammenarbeit
Evolution oder Revolution? Reset
Sicherheit Lean Construction Konsent
Integration Angst Session

Autorenteam

Ivo Lenherr
Dipl. Architekt FH, exec. MBA HSG, Mitinhaber von fsp Architekten AG in Spreitenbach (CH) und sattlerpartner in Solothurn (CH). All a part of MIC.MIND.SET, Autor des Generalplanerbuches

Claus Nesensohn
Zimmermann, Bauingenieur, Professor für Lean Construction und integrierte Projektabwicklung an der Hochschule für Technik, Stuttgart (D), Vorstand und Gründer des Unternehmensberatungsökosystems refine mit den Firmen refine Projects AG, refine Schweiz AG und refine VVC GmbH in Stuttgart (D) und Zürich (CH)

Peter Scherer
MAS in Virtual Design and Construction, Professor für Virtual Design and Construction an der Fachhochschule Nordwestschweiz, Muttenz (CH) und Geschäftsführer netzwerk_digital Schweiz, Zürich (CH)

Birgitta Schock
Dipl. Architektin ETH/SIA/SWB, Mitinhaberin von Schockguyan Architekten GmbH in Zürich (CH), Chapter Chairwoman of Switzerland, Building Smart International, Autorin des Generalplanerbuches

Patrick Suter
Zimmermann, dipl. Bauingenieur, dipl. Wirtschaftsingenieur, CEO Erne AG Holzbau, Stein (CH)

Das Autorenteam erreichen Sie unter der Mailadresse: ipd@weareready.team

Glossar

Big Room | Das Konzept des Big Room wurde einst von Toyota unter dem Namen «Obeya» entwickelt. Gemeint ist ein Raum, in dem multidisziplinäre Teams an einem Ort zusammenarbeiten, um die Kommunikation und die Kreativität zu verbessern. Bei IPD-Projekten bildet der Big Room das Herzstück der Kollaboration. Hier haben die wichtigsten Akteure ihren Arbeitsplatz, werden die Meilensteine definiert, werden Planungssitzungen, regelmässige Besprechungen oder Stand-up-Sitzungen abgehalten.

BIM | Teil von → VDC, der die Erzeugung und die Verwaltung von digitalen Bauwerksmodellen einschliesslich der physikalischen und funktionalen Eigenschaften eines Bauwerks oder eines Geländes beinhaltet. Die digitalen Bauwerksmodelle stellen dabei eine Informationsdatenbank rund um das Bauwerk oder das Gelände dar und sind eine verlässliche Quelle für Entscheidungen während des gesamten Lebenszyklus, von der strategischen Planung bis zum Rückbau.
Quelle: in Anlehnung an SIA MB 2051:2017

Facilitation | Bei der Facilitation geht es darum, die Mitglieder eines Teams dabei zu unterstützen, ihre selbst definierten Ziele möglichst eigenständig zu erreichen. Zum Einsatz kommt die Facilitation etwa in → Workshops und Meetings, bei Veränderungsprozessen oder der Umsetzung eines Projekts. Im Gegensatz zur → Moderation ist die Facilitation vollkommen offen und will die Beteiligten weder beeinflussen, drängen noch beurteilen.
Quelle: «Integrierte Projektabwicklung – ein Leitfaden für Führungskräfte» (siehe Literaturverzeichnis, Seite 188)

ICE | Die Methode des Integrated Concurrent Engineering (ICE) basiert auf Zusammenarbeitsmodellen, die von der NASA in den 1990er-Jahren erfunden und an der Universität Stanford weiterentwickelt wurden. Dabei treffen sich alle für die jeweilige Phase relevanten Planenden regelmässig an einem Ort – beispielsweise im → Big Room – und erarbeiten dort miteinander Lösungen. Dadurch kann die geballte Wissenskraft aller Beteiligten genutzt werden, um neue, einfachere und zielführendere Ansätze zu entwickeln. Zudem ist sichergestellt, dass alle ins Projekt Involvierten denselben Wissensstand haben. Üblicherweise wird in technisch speziell dafür ausgerüsteten Räumlichkeiten direkt am → BIM-Modell gearbeitet.

IPD | Strategisches Rahmenwerk zur integralen Bestellung, Planung und Realisierung von Bauwerken unter Berücksichtigung des gesamten Lebenszyklus. Es beruht auf integrierten Systemen, Prozessen, Organisationen und Informationen und nutzt → VDC. Die am Rahmenwerk Beteiligten bekennen sich zu einer hoch entwickelten Zusammenarbeitskultur.
Quelle: IDIBAU:2020

Lean Construction | Lean Construction ist die Adaptierung der aus dem Toyota-Produktionssystem stammenden Lean-Prinzipien auf den Baubereich. Neben der Bezeichnung Lean Construction kommt auch die Bezeichnung Lean Management im Bauwesen zum Einsatz.
Quelle: Wikipedia: 2020

Moderation | Moderation ist ein Instrument, um die Kommunikation in Teams so zu unterstützen und zu leiten, dass die Ressourcen der einzelnen Teilnehmenden maximal zum Tragen kommen.
Quelle: «Integrierte Projektabwicklung – ein Leitfaden für Führungskräfte» (siehe Literaturverzeichnis, Seite 188)

Resilienz | Als Resilienz wird in der Soziologie die Fähigkeit einer Gesellschaft oder einer Organisation bezeichnet, externe Störungen zu verkraften, ohne dass sich die relevanten Systemfunktionen verändern. Resilienz wird deshalb oft auch als Komplementärbegriff zu Vulnerabilität (Verletzlichkeit) verwendet.

VDC | Virtual Design and Construction (VDC) umschreibt das Planen, Bauen und Betreiben von Bauwerken mittels digitaler Bauwerksmodelle in Kombination mit geeigneten Organisationsformen und Prozessen. Es erfordert von den Beteiligten nebst dem Erlernen von neuen digitalen Werkzeugen auch Kompetenzen in der Gestaltung von neuen Prozessen und Zusammenarbeitsformen. Die integrale Kooperation aller Akteurinnen und Akteure an einem Bau- oder Immobilienprojekt steht dabei im Mittelpunkt. VDC ist nicht mit → Building Information Modeling (BIM) gleichzusetzen. Vielmehr ist BIM ein Element von VDC, denn es beschreibt die Erzeugung und Verwaltung von digitalen Bauwerksmodellen. Das Framework «Virtual Design and Construction» reicht darüber hinaus, da es zusätzlich neue Technologien mit neuen Formen der Teamarbeit und Co-Kreation vereint
Quelle: FHNW

Werkgruppe | Eine Werkgruppe ist ein vorübergehender, projektbezogener Zusammenschluss von Unternehmen aus verschiedenen Arbeitsgattungen. Diese erarbeiten gemeinsam Detaillösungen sowie Arbeitsabläufe für ein Bauteil – beispielsweise eine Fassade – und realisieren dieses anschliessend. Die Planenden definieren vorab nur die technischen und optischen Anforderungen, zeichnen aber keine Detailpläne.

Working Session | Arbeitssitzung von in der Regel drei bis fünf Projektmitgliedern, während der sie gemeinsam einen sie alle betreffenden Teil des Projekts bearbeiten. In der Regel wird schweigend gearbeitet, mit sporadischen Unterbrechungen zur Klärung der laufenden Aufgabe. Durch die fokussierte Arbeit soll ein bestimmter Projektpunkt rasch weiterentwickelt oder gelöst und der Zeitaufwand dafür verkürzt werden, da das übliche Hin und Her, beispielsweise per Mail, entfällt. Eine Working Session kann sowohl physisch an einem Ort als auch virtuell per Videokonferenz stattfinden.
Quelle: medium.com

Workshop | Ein Workshop ist eine Spezialform der Arbeitssitzung, bei der eine kleine Gruppe innerhalb einer möglichst kurzen Zeit praxisorientiert an einem Thema arbeitet. Im Gegensatz zu Konferenzen fokussieren Workshops auf ein Thema und sind moderiert.
Quelle: Wikipedia, 2020

Literaturverzeichnis

- Alby T., Braun D., Pfleger S., Projektmanagement: Definitionen, Einführungen und Vorlagen, http://projektmanagement-definitionen.de
- Ballard, G., Tommelein, I., Current process benchmark for the last planner system, University of California, Berkeley: Project Production Systems Laboratory, 2016, erhältlich unter p2sl.berkeley.edu
- Ballard G., Das Last Planner System. In: Fiedler M. (eds) Lean Construction – Das Managementhandbuch, Verlag Springer Gabler, Berlin, Heidelberg, 2018
- Bertagnolli, F., Lean Management. Einführung und Vertiefung in die japanische Management-Philosophie, Verlag Springer Gabler, Berlin, Heidelberg, 2020
- Clark T., Business Model You: Dein Leben – Deine Karriere – Dein Spiel, Campus Verlag, Frankfurt am Main, 2012
- Darrington J., Lichtig W., Integrated Project Delivery – Angleichen der Ziele einer Projektorganisation, des operationalen Systems und der Commercial Terms. In: Fiedler M. (eds) Lean Construction – Das Managementhandbuch, Verlag Springer Gabler, Berlin, Heidelberg, 2018
- Donarumo J., Zandy K., The Lean Builder. A Builder's Guide to Applying Lean Tools in the Field, Lulu Publishing Services, Durham, 2019

- Faber A., Entwicklung einer Lean Kultur im Bauwesen. In: Fiedler M. (eds) Lean Construction – Das Managementhandbuch, Verlag Springer Gabler, Berlin, Heidelberg, 2018
- Fischer M., Ashcraft H. W., Khanzode A., Reed D., Integrating project delivery, Verlag John Wiley & Sons, Hoboken, 2017
- Heidemann A., Kooperative Projektabwicklung im Bauwesen unter der Berücksichtigung von Lean-Prinzipien – Entwicklung eines Lean-Projektabwicklungssystems, Verlag KTI Scientific Publishing, Karlsruhe 2011
- International Group for Lean Construction (Veröffentlichungen aus den Konferenzen), https://iglc.net
- Kröger S., BIM und Lean Construction – Synergien zweier Arbeitsmethodiken, Verlag Beuth, Berlin 2018
- Lean Construction Blog, https://leanconstructionblog.com
- Mauerhofer, G. (Hrsg.), Lean Baumanagement: Erfahrungsberichte aus Praxis und Wissenschaft – Band 1, Verlag Springer Gabler, Berlin, Heidelberg, 2020
- Merikallio L., Alliancing in Finnland. In: Fiedler M. (eds) Lean Construction – Das Managementhandbuch, Verlag Springer Gabler, Berlin, Heidelberg, 2018
- Modig N., Ahlström P., Das ist Lean. Die Auflösung des Effizienzparadoxons, Rheologica Publishing, 2015
- Nesensohn C., Fiedler M., Lean Culture – Der Schlüssel zum Erfolg. In: Fiedler M. (eds) Lean Construction – Das Managementhandbuch, Verlag Springer Gabler, Berlin, Heidelberg, 2018
- Osterwalder A., Business Model Generation: Ein Handbuch für Visionäre, Spielveränderer und Herausforderer, Campus Verlag, Frankfurt am Main, 2012
- Osterwalder A., Value Proposition Design: Entwickeln Sie Produkte und Services, die Ihre Kunden wirklich wollen, Campus Verlag, Frankfurt am Main, 2015
- Pease J., Cheng R., Allison M., Ashcraft H., Klawans Sue, Integrierte Projektabwicklung: Ein Leitfaden für Führungskräfte, independently published, 2019
- Schlabach C., Fiedler M., Projektallianz als kooperationsorientiertes Partnerschaftsmodell und ihr Partnerauswahlprozess. In: Fiedler M. (eds) Lean Construction – Das Managementhandbuch, Verlag Springer Gabler, Berlin, Heidelberg, 2018
- Sonntag G., Hickethier G., Vertragliche Umsetzung von Lean Construction in Deutschland. In: Fiedler M. (eds) Lean Construction – Das Managementhandbuch, Verlag Springer Gabler, Berlin, Heidelberg, 2018
- Suhr J., The choosing by advantages decisionmaking system, Verlag Greenwood Publishing Group, Westport, 1999
- Womack J. P., Jones D. T., Roos D., The Machine That Changed the World: The Story of Lean Production – Toyota's Secret Weapon in the Global Car Wars That Is Now Revolutionizing World Industry, Verlag Simon & Schuster, New York, 1990

BESUCHER

Impressum

Bibliografische Information der Deutschen Nationalbibliothek

Die Deutsche Nationalbibliothek verzeichnet diese Publikation in der Deutschen Nationalbibliografie; detaillierte bibliografische Daten sind im Internet abrufbar unter http://dnb.dnb.de

ISBN 978-3-7281-4144-6

www.vdf.ethz.ch

verlag@vdf.ethz.ch

Herausgeber:
Autorengruppe MUNGG – Ivo Lenherr, Claus Nesensohn, Peter Scherer, Birgitta Schock und Patrick Suter, Spreitenbach (CH)
Kontakt: ipd@weareready.team

Trägerschaft:
SIA-Fachverein maneco, www.maneco.pro
Think Tank The Branch, www.thebranch.ch

Text, redaktionelle Bearbeitung:
Reto Westermann, Alpha Media AG, Winterthur

Gestaltung und Satz:
Matthis Beck, Transform GmbH, Wettingen

Grafiken und Piktogramme:
Urs Freitag, Freitaggrafik, Winterthur

Lektorat:
Käthi Zeugin, Zürich

Bildnachweis:
Soweit nicht anders vermerkt, stammen alle Bilder und Grafiken vom Autorenteam, Ausnahmen: Seite 70: Vision Oy, Helsinki (SF); Seite 131: DPR Construction, San Francisco (USA); Seite 161: Aldoplan AG, Weggis (CH); Seiten 12, 44, 54, 64, 74, 94, 114, 132, 138, 164, 170, 174, 178: Erne AG, Stein (CH) / Ralf Dieter Bischoff, Marcus Bredt, Gataric Fotografie, Roger Frei, schmidjanutin.ag, Bernhard Strauss.

Gold-Sponsoren

Archipel Generalplanung AG
Seelandweg 7
CH-3013 Bern
info@archipel-gp.ch
www.archipel-gp.ch

maurusfrei

maurusfrei
Architekten AG
Baslerstrasse 30, CH-8048 Zürich
Rätusstrasse 23, CH-7000 Chur
info@maurusfrei.ch
www.maurusfrei.ch

JOSEF MEYER
Stahl und Metall AG
Seetalstrasse 185
CH-6032 Emmen
info@josefmeyer.ch
www.josefmeyer.ch

ERNE
wir bauen vorwärts

ERNE AG Holzbau
Werkstrasse 3
CH-5080 Laufenburg
info@erne.net
www.erne.net

refine Schweiz AG
Hardturmstrasse 76
CH-8005 Zürich
info@refine.team
www.refine.team

LUTZ | ABEL

LUTZ | ABEL
Rechtsanwalts PartG mbB
Brienner Strasse 29
D-80333 München
ipa@lutzabel.com
www.lutzabel.com

Amberg Loglay AG
Räffelstrasse 25
CH-8045 Zürich
leser@amberglogIay.com
www.amberglogIay.com

a part of MIC.MIND.SET

fsp Architekten AG
Rotzenbühlstrasse 55
CH-8957 Spreitenbach
info@fsp-architekten.ch
www.fsp-architekten.ch

INSELGRUPPE

Insel Gruppe
Direktion Immobilien und Betrieb
Projektmanagement Infrastruktur
CH-3010 Bern
baukommunikation@insel.ch
www.inselgruppe.ch

Silber-Sponsoren

schockguyan Architekten GmbH
Gubelstrasse 37
CH-8050 Zurich
info@schockguyan.ch
www.schockguyan.ch

SEIDEL & PARTNER
RECHTSANWÄLTE

Seidel & Partner
Eichstrasse 1
CH-8142 Uitikon
info@seidelpartner.ch
www.seidelpartner.ch

Leuthard Gruppe
Luzernstrasse 14
CH-5634 Merenschwand
info@leuthard.ag
www.leuthard.ag

RIGHETTI PARTNER GROUP
the fine art of construction

Righetti Partner Group
Hardturmstrasse 76, CH-8005 Zürich
Schwanengasse 10, CH-3011 Bern
kontakt@righettipartner
www.righettipartner.ch

digireal.
powered by HHM

Digireal AG c/o
Switzerland Innovation Park Central
Suurstoffi 18b, CH-6343 Rotkreuz
office@digireal.ch
www.digireal.ch